U0305268

"人工智能与变革管理"系列丛书
基础教育服务篇
总主编：齐佳音

生活中的互联网

方滨兴 | 主编

光明日報出版社

图书在版编目（CIP）数据

生活中的互联网 / 齐佳音总主编，方滨兴主编 .-- 北京：
光明日报出版社，2020.1

ISBN 978-7-5194-5617-7

Ⅰ.①生… Ⅱ.①齐… Ⅲ.①互联网络—青少年读物
Ⅳ.① TP393.4-49

中国版本图书馆 CIP 数据核字（2020）第 023391 号

生活中的互联网
SHENGHUO ZHONG DE HULIANWANG

总 主 编：齐佳音		主　编：方滨兴	
责任编辑：史　宁		责任校对：李　荣	
封面设计：中联学林		责任印制：曹　净	

出版发行：光明日报出版社

地　　址：北京市西城区永安路 106 号，100050

电　　话：010-63139890（咨询），010-63131930（邮购）

传　　真：010-63131930

网　　址：http://book.gmw.cn

E - mail：shining@gmw.cn

法律顾问：北京德恒律师事务所龚柳方律师

印　　刷：三河市华东印刷有限公司

装　　订：三河市华东印刷有限公司

本书如有破损、缺页、装订错误，请与本社联系调换，电话：010-63131930

开　　本：170mm×240mm			
字　　数：115 千字		印　张：10	
版　　次：2020 年 1 月第 1 版		印　次：2020 年 1 月第 1 次印刷	
书　　号：ISBN 978-7-5194-5617-7			

定　　价：58.00 元

"人工智能与变革管理"系列丛书
基础教育服务篇
总主编：齐佳音

生活中的互联网

——中学生网络素养读本

主　　编	方滨兴

策　　划　齐佳音　邓建高　傅湘玲

编　　委　李　蕾　吴　斌　沈蓓绯　张钰歆　吴联仁

　　　　　邓士昌　史宏平　刘晓农　曾令昱　史金雨

　　　　　赵天远　王　涛　魏恺琳　谢　旸　张雨薇

　　　　　胡帅波

顾　　问　赖茂生　蔺玉红

总 序

三个为什么及一次社会实验

为什么要出版《生活中的互联网》科普图书？这么多年来，我的团队一直在高校科研的一线，承担了国家重点研发项目、973项目、国家自然科学基金重大研究计划项目、国家社会科学基金重大项目等一系列国家级的重要科研项目，发表了数百篇学术论文，有的研究项目也在结题评估中获得了"优"的评价，算是得到了一点点同行的认可；我本人也连续四年荣获爱思唯尔决策科学领域的中国高被引学者，算是有一点点交代。但是，近几年来，随着社会的发展变化，随着国家对于科研工作者更高的要求，随着个人阅历的增长，逐渐对科研工作有了与过去不一样的看法。以前承担科研工作，目标性很强，对于学术成果本身很看重，主要是要多出学术论文。但是现在来看，当个人越来越将科研工作与社会价值融合在一起的时候，研究工作的社会效应成为我的团队日益重视的一个方面。对于科研工作者来说，研究成果的科普化无疑是行之有效的社会服务途径之一。这也是为什么我们选择科普图书这种方式来试图承担起学者对于社会的责任。

为什么是"人工智能与变革管理"系列丛书？2017年12月9日，国内第一家从经济管理视角来研究人工智能对社会经济管理影响的专业机构——上海对外经贸大学人工智能与变革管理研究院成立。人工智能与变革管理研究院致力于探索人工智能所引发的社会发展效应（就业影响效应、法律影响效应、伦理道德风险等）、产业演化效应（技术影响效应、产业生态效应、产业发展战略等）、组织变革效应（生产方式变革效应、人力资源管理变革效应、组织形态演化效应等）等经济管理问题，通过状态趋势跟踪、模拟环境搭建、分析模型推演、大数据驱动建模等方式，提供案例／数据／模型／实证／智库等系统支撑我国以及上海市的人工智能战略。与此同时，研究院将积极尝试人工智能时代的商科卓越人才培养。2018年是人工智能与变革管理研究院运行的第一年，我们在学术研究领域、产业合作、社会服务等几个重要方面都有认真的计划和行动。在学术研究领域，2018年以研究院开放课题为牵引，我们重点聚焦在人工智能与区块链的场景应用案例研究方面，希望通过深入到产业案例中，提炼出变革管理的学术问题与研究定位。在产业合作领域，2018年6月28日，在第十三届2018开源中国开源世界高峰论坛上，中国开源工业PaaS分会在北京正式揭牌。中国开源软件推进联盟名誉主席陆首群、浪潮集团有限公司执行总裁Kevin Huang为分会揭牌，研究院张国锋副院长作为协会秘书长参与并见证了揭牌仪式。依托中国开源工业PaaS分会秘书处落地研究院这一优势，研究院将重点开展在工业互联网领域的产业合作。在社会服务领域，智库专报、产业报告以及著作出版等都是2018年研究院重点推进的工作。智库专报方面，今年上半年我们已经为《光明日报》内参、全国两会、中办、上海市市办、上海市宣传部等机构提供了专家建议数份；产业报告方面，我们的《重新定义学习》白皮书已经实现每季度发布一期；学术著作出版方面，陈晓静教授的学术专著《区块链：金融应用及风险监管》已经于6月30日正式出版。基于2018年研究院开放课题的产业案例丛书，计划在2018年12月底交稿出版社；探讨人工智能时代的商科教育改革的著作计划在年底交付出版社。这次呈现给读者的科普丛书就是研究院2018年在社会服务方面，通过科普读物出版的形式提供给社会公众的作品。

为什么是"基础教育服务篇"？随着物联网、大数据、云计算、人工智能、区块链等信息技术的迅速发展和应用，大学教育面临历史性转型，新工科、新商科、新文科成为高等教育改革的方向。在这一背景下，大学教育中的一些已经常识性的知识内容需要下沉到基础教学阶段，作为普及性的基础知识进行介绍；一些新的时代性教学内容需要迅速补充到高等教育的知识体系中，采用新的教学模式，尽快为国家培养数字经济时代的新型人才。在互联网知识方面，我们想率先在这一领域进行尝试。这就是我们策划"人工智能与变革管理系列丛书——基础教育服务篇"的初衷。

我们很快就组织起一个十多人参与的写作团队，我特别地邀请了中国工程院方滨兴院士作为《生活中的互联网》这本书的主编，对整本书中的专业性进行把关。方院士数次专门指导这一本书的定位、框架、目录，到具体章节的内容，这些指导给了团队极大的鼓舞，我们前前后后大概用了半年的时间，终于在2018年5月底完成了这本书的书稿。到了6月，我就全身心地投入到整体通稿修改的工作中。现在，终于是可以将这本图书、写作团队的努力，交给我们千千万万的中学生了，希望我们的这一份礼物，能够得到中学生们的喜爱。

"人工智能与变革管理"系列丛书——基础教育服务篇，试图在人工智能所带来的知识快速更新时代，迅速将大学的前沿知识，对接于基础教育阶段的人才培养，这是一次激动人心的社会实验。

实验一种高等教育主动服务于基础教育的可行方式。当前高等教育的出版物以学术专著和大学教材为主，高等教育服务于中学基础教育的出版物较少。本书将大学专业内容科普化，满足信息化时代基础教育对于更加前沿知识的需求，同时也补齐了国内在这一领域出版物上的稀缺，实现高等教育主动向下对接基础教育。本书融合了当前该领域前沿的知识，涉及到了大数据、云计算、人工智能、网络安全等领域的知识。

实验一种"专家看正确、中学生看能懂"的针对中学生的科普书籍。当前的科普类书，针对小学生或一般公众的较多，但针对中学生的较少。中学生的科普类图书常常难以恰当掌握专业知识的深度，过深让中学生难以理解和接受，过浅又让中学生失去兴趣。本书定位为"专家看正确、中学生看能懂"的科普性质工具书，用科普将中学生想知道、该知道，但不理解、不明白的问题讲清楚，调动中学生对人工智能时代热点问题的兴趣和关注。科普是科研工作者的天然使命，社会各阶层特别是青少年学生对前沿领域研究有强烈的好奇心，科研工作者要满足这些需求，帮助他们成长。

实验一种国家重大课题研究成果服务社会公众的新途径。这套丛书依托国家重点研发项目（2017YFB0803304），国家社会科学基金重大项目（16ZDA055），国家自然科学基金"新冠肺炎疫情等公共卫生事件的应对、治理及影响"专项项目（72042004），国家自然科学基金重大研究计划项目（91546121）的研究积累。基于领域学者长期的研究，同时又吸纳了一批项目组年轻的硕士研究生们参与工作，让更加年轻的一代在资深学者的指导下，用当年青少年更能理解的语言以及形式，创作出让我国的中学生可以尽早地了解、参与前沿知识的科普读物。

在本书的编写过程中，我们通过研讨会形式，邀请相关领域专家、学者、教育工作者等就书稿内容进行多次研讨，希望能为社会贡献出高质量的知识服务。但是，由于当下知识的发展更新非常快，创作组能力、精力等方面所限，虽然已经尽了全力，但书中一定还有诸多瑕疵。我们秉持开放的心态，等待着社会各界对我们的批评指正，并在未来进一步完善。

齐佳音

2018年7月10日，上海

序

成为信息社会的合格公民

——《生活中的互联网》序

互联网是现代人与之共生的产物，在今天的社会中几乎没有人不知道互联网的，没有接触过互联网的人也变得越来越少。尤其是在智能手机普及的今天，智能手机就像是冲浪板一样，让大多数人都能够自由地在互联网中冲浪。

但是，人们也能够想象得到，能够在海里冲浪，并不意味着就真正地了解了海洋。同样的原因，知道了互联网的存在，通过互联网尝试到了一些服务类应用，并不一定就能够全部掌握互联网的奥秘。尤其是对于中学生来说，互联网背后都有些什么故事？互联网的应用都有哪些？互联网的信息及服务如何能够获得？互联网的安全问题都表现在哪些方面？如此等等都会引起中学生们的好奇。

齐佳音教授是我科研团队的一名骨干，有很多荣誉加身，包括入选2017年上海领军人才培养计划。有一天她告诉我，她愿意组织写一本面向中学生的、提升网络素养的科普书。她说干就干，很快就组织起写作班子，并认真研究这本科普书的结构框架、内容定位等。就这本互联网科普书而言，他们其实还是面对着很大的挑战：一是，科普书要做到"专家看是正确的，公众看能看明白"；二是，这本书是面向互联网原住民的，而这些原住民已经比较熟悉互联网，如何在这个认知基础上让原住民去感兴趣，这就需要在内容的通俗性和专业性上做好平衡；三是，要明确这本书的目的是要激发中学生勇于在互联网领域进行创新的天生好奇心，更早地参与科技创新与发明创造，而不是进行道德说教，让中学生对网络产生恐惧，限制了他们对网络世界的想象力和探索行动力；四是，如何能够在书的形式、内容的互动性方面，考虑融入技术的元素，让书变得更加有趣。

在齐佳音的积极组织和推动下，这本书的编写组终于在五月底的时候基本按期完成了编写工作。第一章由上海对外经贸大学人工智能与变革管理研究院张钰歆撰写，第二章由上海对外经贸大学工商管理学院吴联仁博士撰写，第三章由北京邮电大学吴斌教授及曾令昱撰写，第四章和第五章由北京邮电大学李蕾副教授及赵天远，谢旸，王涛，张雨薇，魏恺琳撰写，第六章由北京邮电大学傅湘玲副教授及史金雨撰写，第七章由河海大学沈蓓绯副教授和上海对外经贸大学工商管理学院邓世昌博士合作撰写，第八章由河海大学史宏平博士撰写。北京邮电大学傅湘玲副教授在编写过程中承担了较多的协调工作。上海对外经贸大学人工智能与变革管理研究院张钰歆做了大量的校对工作。

现在回过头来看，这本书所面对的四个挑战中的前三个是基本做到了。第四个挑战也确实涉及的因素广泛，例如利用增强现实（AR）、虚拟现实（VR）等技术虽然在技术上可实现，但在商业过程中却涉及到诸多的商业协作、知识产权等问题，会使图书的成本大幅增加，出版周期拉长。因此，这本书还只能采取传统的图文形式，当然，有一天将本书直接改成了网络出版形式一切就会迎刃而解了。

不管怎么说，还是拿出了这么一个阶段性的、面向中学生的、提升网络素养的科普书。读者是图书最终的评审者，我衷心期待这本书的中学生读者，多多反馈读后体验。也期待能有更多的社会力量能够关注和支持对于青少年网络素养的培养与教育，这是对信息社会合格公民的投资，一定会让我们的国家在未来的发展中受益。

方滨兴

2018年7月20日，北京

目　录

图　录

表　录

第一章　青少年网络素养

面对海量的网络资源和相伴相生的不良信息，你能否举重若轻？

《生活中的互联网》一书中，从互联网的历史到检索方式的古今演变；从网络生活到人工智能；从网络空间安全到网络风险的规避，在循序渐进中促使青少年网络素养养成；让我们从这本书开始，做中国好网民，共筑网络清朗空间。

一、青少年网络素养的概念与内涵

1. 青少年网络素养

青少年在接触和使用网络过程中，自觉遵守社会道德规范，安全、合理、有效地获取、评价、利用、传播和创新网络信息，并通过结合其他资源使网络资源更好地服务于个人生活、学习的能力。

2. 青少年网络素养的内涵

对于青少年而言，网络素养主要包含两方面的内容，一是青少年对网络的了解，认知和对网络资源的选择与使用，二是对网络风险的判断和应对[①]。

青少年网络素养犹如一把"保护伞"。面对海量的网络资源和相伴

---

① 陈晨：《亲子关系对青少年网络素养的影响》，载《当代青年研究》，2013年第3期。

相生的不良信息，网络素养能够提升青少年对网络资源的感知、判断和使用能力，避免信息爆炸带来的盲目选择行为，规避网络欺诈、网络暴力等网络安全风险，实现新时代青少年在网络空间中的自我学习与自我保护，能够阳光用网、安全用网。

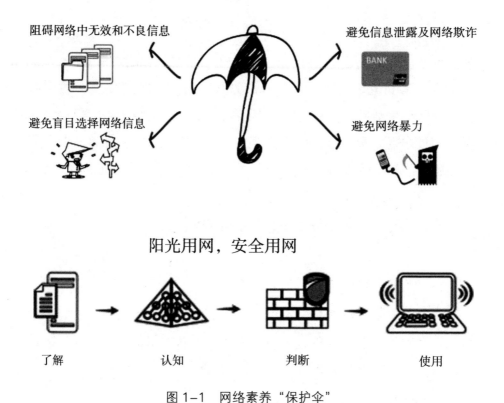

图 1-1　网络素养"保护伞"

二、青少年网络素养的提升

不积跬步无以至千里，不积小流无以成江河。青少年网络素养的提升，需要经过四个阶段的学习和实践：

表 1 青少年网络素养的阶段、表现与提升

阶段	网络感知	多元使用	安全可信	智慧解答
表现	认识网络，了解生活中的网络资源与应用	明确网络需求，有效获取所需网络资源	对所得网络资源进行筛选和判断	有效且合法使用获取的网络资源
	青少年如何提升网络素养？			
学习提升	第二章 认识互联网 第三章 生活中的互联网	第四章 网络搜索 第五章 网络参与	第六章 网络空间安全	第七章 安全用网 第八章 依法用网

三、青少年网络素养教育的发展

青少年在网络环境中茁壮成长并展现出积极的社会责任感，要务之一就是让他们获取良好的教育，网络素养教育有利于青少年培养网络意识，完善自身网络行为，深化对网络世界与自我关系的本质认识，丰富网络学习生活[①]。

1. 我国青少年网络素养教育

2016年4月19日习总书记在网信工作座谈会上强调："网络空间是亿万民众共同的精神家园。网络空间天朗气清、生态良好，符合人民利益。网络空间乌烟瘴气、生态恶化，不符合人民利益。我们要本着对社会负责、对人民负责的态度，依法加强网络空间治理，加强网络

---

① 李宝敏：《儿童网络素养现状调查分析与教育建议——以上海市六所学校的抽样调查为例》，载《全球教育展望》，2013年第6期

内容建设，做强网上正面宣传，培育积极健康、向上向善的网络文化，用社会主义核心价值观和人类优秀文明成果滋养人心、滋养社会，做到正能量充沛、主旋律高昂，为广大网民特别是青少年营造一个风清气正的网络空间。"

图 1-2　营造风清气正的网络空间

我们的国家为保护青少年网络安全，规范青少年网络行为，都放过哪些大招？

（1）网络行为

2001年11月22日上午，团中央、教育部、文化部、国务院新闻办、全国青联、全国学联、全国少工委、中国青少年网络协会向全社会发布了《全国青少年网络文明公约》，这标志着我国青少年有了较为完备的网络行为道德规范。公约内容如下：

要善于网上学习，不浏览不良信息；

要诚实友好交流，不侮辱欺诈他人；

要增强自护意识，不随意约会网友；

要维护网络安全，不破坏网络秩序；

要有益身心健康，不沉溺虚拟时空。

（2）网络安全

近年国家出台了多部网络安全相关的法律法规条例，其中涉及青少年的内容也让不少人深思。

2016年11月通过的网络安全法是我国网络领域的基础性法律，其中第十三条：国家支持研究开发有利于未成年人健康成长的网络产品和服务，依法惩治利用网络从事危害未成年人身心健康的活动，为未成年人提供安全、健康的网络环境。

2016年12月27日，经中央网络安全和信息化领导小组批准，国家互联网信息办公室发布了《国家网络空间安全战略》，为保障我国网络空间安全铸造一道"防火墙"。其中在第四部分战略任务部分的第四条"加强网络文化建设"方面提到：加强网络伦理、网络文明建设，发挥道德教化引导作用，用人类文明优秀成果滋养网络空间、修复网络生态。建设文明诚信的网络环境，倡导文明办网、文明上网，

图1-3 "护苗"2018专项活动

形成安全、文明、有序的信息传播秩序。坚决打击谣言、淫秽、暴力、迷信、邪教等违法有害信息在网络空间传播蔓延。提高青少年网络文明素养，加强对未成年人上网保护，通过政府、社会组织、社区、学校、家庭等方面的共同努力，为青少年健康成长创造良好的网络环境。

　　送审稿全文共包含六章、三十六条细则，对网络信息内容建设、未成年人网络权益保障、预防和干预、法律责任等多个方面进行了详细规定。

2. 国外青少年网络素养教育

国外如何开展青少年网络素养教育？

表 2　国外青少年网络行为及网络安全措施

国家	青少年网络行为及网络安全措施
美国	多主体、多元化、全方位的青少年网络素养培养课程，比较有影响力的课程提供者包括 Common Sense Media、ISTE 等。
美国	建成校园网清除和屏蔽不利于青少年健康成长的内容和网站；制定针对青少年网络保护法案和规定如《未成年人互联网保护法》等。
欧盟	2006 年欧盟理事会将数字素养正式纳入核心素养之一；青少年网络素养教育已进入欧盟部分中小学。
欧盟	关注青少年网络欺凌现象，成立"关注网络安全网"（INSAFE）；欧洲刑警组织与多国联合开展行动打击青少年网络犯罪。
日本	日本网络素养教育根据不同的层次结构实施不同的教育内容；各级政府组织、非政府组织、学界、企业界等主体共同构筑网络素养教育与实践的"社会行动者网络"，主要组织有 FCT 媒介素养研究所、NPO 法人市民科学研究室等。
日本	日本针对网络欺凌主要从刑事上及民事上追究责任。
新加坡	新加坡中小学开设网络素养教育课程，保护未成年人免遭网络危害，养成理性使用网络的习惯和能力；社区组织扮演网络素养教育先行者的角色，如慈善机构触爱社会服务社。
新加坡	新加坡对互联网的进行监管非常严格，法规条文主要有《惩治煽动叛乱法案》《刑事法典》《互联网分类执照条例》等。

第二章　认识互联网

互联网已成为当今世界不可缺少的一部分，它使地球成为了信息网络村——不但可以让你随时跟朋友互动，还可以实现资源的共享，从而提高了效率；互联网还是一个超越时空穿梭器，它不受时间和空间的限制，可以实现聊天、看电影、看新闻等活动。

一、计算机简史

1. 先驱的探索——机械式计算机

第一台真正的计算机是著名科学家帕斯卡（B.Pascal）发明的机械计算机。帕斯卡1623年出生在法国一位数学家家庭，他三岁丧母，由担任着税务官的父亲抚养长大。少年帕斯卡每天看着年迈的父亲费力地计算税率税款，很想帮助做点事，又怕父亲不放心。于是想到为父亲制作一台可以计算税款的机器。19岁那年，他发明了人类史上第一台机械计算机。

1673年，德国数学家莱布尼兹发明乘法机，这是第一台可以完整运行四则运算的计算机。莱布尼兹同时还提出了"可以用机械代替人进行繁琐重复的计算工作"的伟大思想，这一思想至今鼓舞着人们探求新的计算方式。

图 2-1 帕斯卡与机械计算机

1822年巴贝奇用了近10年时间，成功研制出第一台差分机，它能根据设计者的安排，自动完成高次多项式的整个运算过程。转眼又是10年，在第二台差分机研制过程中，他近乎苛刻的想法与要求导致差分机研制中途夭折。

图 2-2 德国数学家莱布尼兹与乘法机

英国著名诗人拜伦的女儿爱达·拉夫拉夫斯基伯爵夫人凭借杰出的数学天赋在英国剑桥大学拜巴贝奇为师，她深深深理解巴贝奇的思想和工作，不仅深全力协助研制"分析机"，在经济上也作了最大支持，可惜爱达早逝。她被誉为世界第一位程序员，她的名字也与现代计算机程序设计语言 Ada 紧紧地联系在一起。

图 2-3 巴贝奇和爱达的差分机与分析机

2. 从机械到电的飞跃

图 2-4 赫尔曼·霍勒斯与制表机

美国人赫尔曼·霍勒瑞斯（Herman Hollerith），根据提花织布机的原理发明了穿孔片计算机，并带入商业领域建立公司"计算—制表—记录公司"（Computing-Tabulating-Recording,C-T-R），这就是IBM的前身。托马斯·沃森于1914年被"计算—制表—记录"公司聘用，成为公司总裁。

3. 二极管、三极管的发明

1904年，英国人弗莱明发明真空电子二极管，是人类电子文明的起点。真空二极管的发明得益于"爱迪生效应"。

小链接："爱迪生效应"

"爱迪生效应"是托马斯·爱迪生1883年提出的。1877年爱迪生发明碳丝电灯后，应用不久就出现了寿命太短的问题：因为碳丝难耐电火高温，使用不久即告"蒸发"。爱迪生千方百计改进，1883年他忽发奇想：在灯泡内另行封入一根铜线，也许可以阻止碳丝蒸发，延长灯泡寿命。经过反复试验，碳丝虽然蒸发如故，但他却从失败的试验中发现了一个稀奇现象，即碳丝加热后，铜线上竟有微弱的电流通过。铜线与碳丝并不连接，哪里来的电流？难道电流会在真空中飞渡不成？敏感的爱迪生意识到这是一项不可思议的新发现，并且根据这一发现也许可以制成实用电器。为此他申请了专利，命名为"爱迪生效应"。

1906年，美国人德弗雷斯特发明电子三极管，并发现三极管可以通过级联使放大倍数大增，这使得三极管的实用价值大大提高，从而促成了无线电通信技术的迅速发展，被称为"无线电之父"。

图 2-5　爱迪生效应与电子二极管

图 2-6　德福雷斯特

4. 计算机的数学模型——图灵机

英国数学家艾伦·麦席森·图灵是计算机逻辑的奠基者，被誉为计算机科学之父。他提出了"图灵机"和"图灵测试"等计算模型，将人们使用纸笔进行数学运算的过程进行抽象，由一个虚拟的机器替代。他曾协助军方破解德国的著名密码系统 Enigma，帮助盟军取得了二战胜利。人们为纪念其在计算机领域的卓越贡献而专门设立了"图灵奖"。

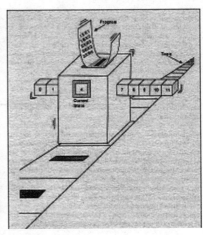

图 2-7　图灵和图灵机

5. 第一台电子计算机的诞生

埃尼阿克（Electronic Numerical Integrator And Computer，简称 ENIAC），即电子数字积分计算机，是世界上第一台通用计算机，能够重新编程，解决各种计算问题。它于1946年2月14日在美国诞生，承担开发任务的"莫尔小组"由四位科学家和工程师：埃克特、莫克利、戈尔斯坦、博克斯组成。

图 2-8

ENIAC 占地约170平方米，重达30英吨，造价48万美元。

它包含了17468根电子管和7200根电子管，有30个操作台，6000多个开关，计算速度是每秒5000次加法或400次乘法，是机电式计算机的1000倍、手工计算的20万倍，被当时的新闻赞誉为"巨脑"。

6. 经典计算机到量子计算机

1947年12月，美国贝尔实验室的肖克利、巴丁和布拉顿组成的研究小组，研制出一种点接触型的锗晶体管。晶体管解决了电子管体积庞大的问题，为计算机发展带来了革命性进步，是微电子革命的先声。

现代处理器中晶体管体积的减小成为计算机性能改进的关键所在。然而晶体管不断减小，会影响计算机性能，限制计算机技术吗？1982年，诺贝尔奖获得者理查德·费曼（Richard Feynman）提出"量子计算机"模型：如果用量子系统构成的计算机来模拟量子现象，则运算时间可大幅度减少。

量子计算机是世界上运算速度最快的计算机，能够在几秒的时间内计算出相当复杂的公式，我国在这一领域一直处于世界领先水平。2018年5月3号，中国科学院对外宣布，中国自主研发的两台量子计算机面世，首次采用了世界上最先进的量子点单光子源的技术。

图 2-9　量子计算机

二、演进中的互联网

1. 互联网的诞生

1969年，美国国防部启动计算机网络开发计划"ARPANET"—阿帕网，是第一个使用包交换技术的真实网络，最初用于高校之间互相共享资源。1973年，阿帕网第一次跨过了大西洋，和英国伦敦的一所大学连了起来。同一年，电子邮件占所有网络活动的75%。

1971年，BBN公司的工程师——麻省理工学院博士雷·汤姆林森（Ray Tomlinson）在为阿帕网工作时，用测试软件SNDMSG发出了人类历史上第一封Email，他也是决定使用"@"符号将用户名和域名分开的人。1975年，电子邮件客户端出现，南加州大学的程序员John Vittal开发了第一个现代电子邮件程序。这个程序（叫MSG）在技术上的最大进步是增加了"回复"和"转发"功能。

1989年CERN（欧洲粒子物理研究所）的科学家提姆．伯纳斯李（Tim Berners-Lee）开发了第一个Web浏览器和服务器软件。1991年开发出了万维网（World Wide Web）。

图2-10 第一个WEB浏览器

思考与讨论

计算机的简史从机械式计算机到个人电脑(PC)横跨了近三个多世纪。计算机的发展从起初只能进行简单的数学运算到如今的编程、软件开发和信息储存等功能，掀起了人类发展的信息浪潮。未来计算机的发展方向更是朝着生物计算机、纳米计算机等更加专业化、信息化的功能性用途发展，为人类提供更加优质便捷的信息服务。

计算机快速发展并给人类带来积极影响的同时，会产生哪些消极影响，我们应该如何预防并杜绝？

1993年2月，伊里诺斯大学的Marc Andreessen开发出了第一个图形化的浏览器 Mosaic。1994年，Marc Andreessen 和 Jim Clark 创办了 Netscape 公司，开发了 Netscape Navigator 浏览器。

图2-11 第一个图形化浏览器 Mosaic

1996年 Microsoft 开发了自己的 Web 浏览器，以后三年 Netscape 与 Microsoft 进行了浏览器大战。后来，陆续出现了其他 Internet 技术，其中搜索引擎技术的出现彻底改变了信息的查找

图2-12 Netscape Navigator 浏览器

与处理，极大地方便了人们的应用。

图 2-13　第一个搜索引擎 Lycos

1994年4月，斯坦福大学的两名博士生 David Filo 和杨致远共同创办了 Yahoo 网站，提供门户网站的搜索引擎服务。1998年 Google 成立，是目前使用人数最多的搜索引擎。

2. 物联网

物联网 Internet of things（IoT）是新一代信息技术的重要组成部分，也是"信息化"时代的重要发展阶段。顾名思义，物联网就是物物相连的互联网。

1991年，前施乐公司首席科学家 Mark Weiser 在权威杂志《美国科学》发表文章预测：计算机将最终"消失"，在我们没有意识到其存在时，就已融入人们生活中。IBM 前首席执行官郭士纳曾提出一个重要的观点，认为计算模式每隔15年发生一次变革。这一判断像摩尔定律一样准确，人们把它称为"十五年周期定律"。

1965年前后的"大型机"；

1980年前后的"个人计算机"；

1995年前后的"互联网"；

2010年前后"物联网"；

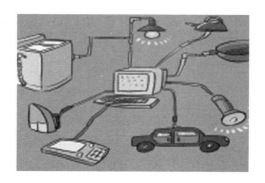

图2-14　物联网

在当下的"15年"，信息产业第三次浪潮正悄然兴起，那就是"物联网"。十一届人大三次会议上政府工作报告中将物联网定义为："通过信息传感设备，按照约定的协议，把任何物品与互联网连接起来，进行信息交换和通讯，以实现智能化识别、定位、跟踪、监控和管理的一种网络。"它是在互联网基础上延伸和扩展的网络。

第一次：PC机时代

第二次：互联网时代

第三次：物联网时代

图2-15　物联时代

本章主要从互联网的起源，电的发现到无线电的应用，再到网络的构建。日渐成熟地演变成如今的互联网，信息与数据的共享互动平台。互联网的发展从无到有，并已渗透进人们的日常生活当中，为人们提供更加方便快捷生活方式。

思考与讨论

物联网将是继计算机、互联网与移动通信网之后的又一次信息产业浪潮。

互联网的发展会带来什么样的消极影响？

三、智能终端的演进

1. 通讯发展简介

（1）古代通信方式

最早的通信方式可以追溯到2700多年前的周朝，利用烽火来传递信息。"信鸽传书""击鼓传声""风筝传讯""天灯""旗语""快马送信"以及依托于文字的"信件"都属于古代的通信方式。这些通信方式，要么利用声音，要么利用视觉或文字等，都满足信息传递的基本要求，但是这些通信方式也存在着传递范围小，传输速度低，可靠性差，有效性低等缺点。

到了近代，随着电报、电话的发明，电磁波的发现，人类通信领域产生了根本性的巨大变革。人类的信息传递脱离了常规的视听觉方式，利用电信号作为新的载体，同时带来了一系列的技术革新，开始了人类通信的新时代。

图 2-16　古代的通信方式：烽火、信鸽传书和快马送信

（2）电通信时代

利用电和磁技术，来实现通信的目的，是近代通信起始的标志。1835年，美国雕塑家、画家、科学爱好者塞缪乐·莫尔斯（Samuel Morse）成功地研制出世界上第一台电磁式（有线）电报机。

他发明了莫尔斯电码，利用"点""划"和"间隔"，将信息转换成一串或长或短的电脉冲传向目的地，再转换为原来的信息。

1844年5月24日，莫尔斯在国会大厦联邦最高法院会议厅利用"莫尔斯电码"发出了人类历史上的第一份电报，从而实现了长途电报通信。

1843年，美国物理学家亚历山大·贝思（Alexander Bain）根

图 2-17　电磁式电报机

据钟摆原理发明了传真。传真是近二十多年发展最快的非话电信业务。将文字、图表、相片等记录在纸面上的静止图像，通过扫描和光电变换，变成电信号，经各类信道传送到目的地，在接收端通过一系列逆变换过程，获得与发送原稿相似记录副本的通信方式，称为传真。

1875年，贝尔和他的助手托马斯沃森在波士顿研究多工电报机，

它们分别在两个屋子联合试验时，沃森看管的一台电报机上的一根弹簧突然被粘在磁铁上。沃森把粘住的弹簧拉开，这时贝尔发现另一个屋子里的电报机上的弹簧开始颤动起来并发出声音。正是这一振动产生的波动电流沿着导线传到另一间屋子里。

图 2-18　传真机

贝尔由此得到启发，他想，假如对铁片讲话，声音就会引起铁片的振动，在铁片后面放有绕着导线的磁铁，铁片振动时，就会在导线中产生大小变化的电流，这样一方的话音就会传到另一方去。

苏格兰青年亚历山大·贝尔发明了世界上第一台电话机（见图 2-19）。1878年，在相距300公里的波士顿和纽约之间进行了首次长途电话实验，并获得了成功。后来他成立了著名的贝尔电话公司。

如果仅有电话机，只能满足两个人之间的通话，无法与第三个人之间进行通话。要解决这个问

图 2-19　第一台电话机

题，交换机产生了。第一台交换机于1878年安装在美国，当时共有21个用户。这种交换机依靠接线员为用户接线。1892年美国人阿尔蒙·史瑞乔研发了步进式 IPM 电话交换机。

（3）人工交换

电信号交换的历史应当追溯到电话出现的初期。电话增多后，要使每个拥有电话的人都能相互通信，我们不可能每两台电话机之间都拉上一根线。于是人们设立了电话局，每个电话用户都接一根线到电话局的一个大电路板上。

当 A 希望和 B 通话时，就请求电话局的接线员接通 B 的电

图2-20　人工交换机

话。接线员用一根导线，一头插在 A 接到电路板上的孔，另一头插到 B 的孔，这就是"接续"，相当于临时给 A 和 B 拉了一条电话线，这时双方就可以通话了。当通话完毕后，接线员将电线拆下，这就是"拆线"。整个过程就是"人工交换"，它实际上就是一个"合上开关"和"断开开关"的过程。

（4）电路程控

人工交换的效率太低，不能满足大规模部署电话的需要。随着半导体技术的发展和开关电路技术的成熟，人们发现可以利用电子技术替代人工交换。电话终端用户只要向电子设备发送一串电信号，电子设备就可以根据预先设定的程序，将请求方和被请求方的电路接通，并且独占此电路，不会与第三方共享（当然，由于设计缺陷的缘故，

可能会出现多人共享电路的情况，也就是俗称的"串线"）。这种交换方式被称为"程控交换"。而这种设备也就是"程控交换机"。

图 2-21　程控交换机

由于程控交换技术长期被发达国家垄断，设备昂贵，我国的电话普及率一直不高。随着当年华为、中兴通讯等企业陆续自主研制出程控交换机，电话在我国迅速得到普及。

（5）移动通信方式

1901年，意大利工程师马可尼发明了无线电发报机，成功发射穿越大西洋的长波无线电信号。1906年，美国物理学家费森登成功的研究出无线电广播。电报和电话开启了近代通信历史，但是都是小范围的应用，更大规模，更快速度的应用在第一次世界大战后，才得到迅猛发展。

图 2-22　便携式蜂窝电话

20世纪50年代以后，元件、光纤、收音机、电视机、计算机、广播电视、数字通信业都有极大发展。1962年，地球同步卫星发射成功。1973年，美国摩托罗拉公司的马丁·库帕博士发明第一台便携式蜂窝电话，也就是我们所说的"大哥大"。"马丁·库帕"从此被称为"现代手机之父"。

2. 移动终端的发展

从1876年贝尔发明电话以来，经历了长达一个多世纪的发展，电话通讯服务已走进了千家万户，成为国家经济建设、社会生活和人们交流信息所不可缺少的重要工具。在最近二十年来，移动通讯的迅猛发展，使现代生活节奏越来越快，移动通讯产品的更新换代和市场争夺战也愈演愈烈。

1983年，世界上第一台移动电话终于问世——摩托罗拉DynaTAC8000X（大哥大），是世界上首部获得美国联

图2-23 世界上第一台移动电话机

邦通讯委员会（FCC）认可并正式投入商用的蜂窝式移动电话。

图2-24 世界上第一台滑盖手机　　图2-25 首款内置摄像头手机

随着移动通信技术的快速发展，手机等移动终端也在不断变化。1998年初，德国巨人西门子公司推出的SL10以首创上下开合、屏幕

与按键分离的模式，成就滑盖手机的雏形。

2000年9月，夏普联合日本移动运营商 J-PHONE 发布了首款内置了11万像素 CCD 摄像头的手机。

图 2-26　MP3 手机

2000年，第一款 MP3 手机——三星 SGH-M188。这款手机支持 MP3 播放功能，并且可以当成 U 盘使用，而且，更可以从电脑上下载音乐到手机，再用 MP3 文件管理软件来编辑音乐，使你在任何地方都能听到自己喜欢的音乐。

自从手机带有 MP3 功能以后，手机内存越来越重要了，只有足够的内存才能把这项常用的功能发挥到极致，而这个难题被这款西门子的 6688 完美

图 2-27　第一款智能手机

解决，该机能够连续录制5个小时的语音备忘，同时还具有声控命令和声控指令。

2000年，第一款智能手机 Symbian 系统，爱立信 R380sc。

2007年，史蒂夫·乔布斯推出了 iPhone 智能手机，触屏＋应用引爆智能机新时代。

乔布斯被认为是计算机业界与娱乐业界的标志性人物，他先

图 2-28　乔布斯

后领导和推出了麦金塔计算机（Macintosh）、iMac、iPod、iPhone、iPad 等风靡全球的电子产品，深刻地改变了现代通讯、娱乐、生活方式。乔布斯同时也是前 Pixar 动画公司的董事长及行政总裁。2011年10月5日，史蒂夫·乔布斯病逝，享年56岁。

智能移动终端朝两个方向发展，一个是智能移动终端变的越来越大，二是成为便携式可穿戴。

2010年，iPad 面市，提供了大尺寸触摸屏，很快吸引了已习惯于 iPhone 和 iPod Touch 的用户。iPad 成功带来了竞争对手，三星推出了 Android Galaxy Tab；

亚马逊推出 Kindle Fire 使所有人都可以买得起平板电脑，微软2012年推出了 Surface 平板电脑。

图 2-29 亚马逊 Kindle Fire

图 2-30 平板电脑

3. 智能可穿戴终端

可穿戴智能设备是一种可直接穿戴在身上的、便携的甚至是植入用户身体中的一种智能微电子设备，它利用软硬件设备，通过数据及云端交互来实现强大的功能。可穿戴智能设备按照不同的应用特点可将其分为头戴式、身着式、手戴式和脚穿式四类。

（1）头戴式

头戴式以谷歌眼镜为主要代表，其本质上属于微型投影仪、摄像头、传感器等设备结合体。通过电脑化的镜片将信息实时展现在用户眼前。另外它还可以提供 GPS 导航、收发短信、网页浏览等功能。

（2）身着式

主要以智能 T 恤衫为代表，该 T 恤衫可以时刻追踪病人的健康检测，监测到的数据可以通过无线连接传送至中央监控站，让医护人员实时了解病人的情况。

图 2-31　可穿戴式移动设备

（3）手戴式

智能手表，智能手环都属于手戴式。主要可以用于锻炼、睡眠和饮食，用户只需要佩戴手环，计算引擎就会启动，并记录燃烧的卡路里状况。

（4）脚穿式

脚穿式能在你的跑步过程中随时记录跑程、热量消耗等数据，同时也支持 GPS 最终跑步轨迹、卡路里计算、计时、计速的功能。

第三章　网络生活

经过几十年的发展，互联网已经深入到人们生活的方方面面。今天我们将从网络社交、网络直播、网络购物和网络学习四个方面刻画互联网给人们生活带来的巨大变化。

一、网络学习

根据网络学习专家罗森伯格的定义，网络学习是利用网络技术传送强化知识和工作绩效的一系列解决方案。他指出网络学习要基于三大基本标准：

○ 利用互联网，能即时储存、利用、更新、分配和分享教学内容或信息；

○ 利用标准化的网络技术，通过电脑传送给处于网络终端的学员；

○ 网络学习注重的是超越传统培训典范的学习解决方案。

中国已经拥有数量众多的在线学习网站。在"中国大学 MOOC"中，可以学习到上千门名校课程，可以不受课堂容量限制，自由分配学习时间。

2000年，教育部批准了68所高校为全国现代远程教育试点院校，颁发网络教育文凭，其市场规模占据当时中国在线教育市场总量的90%以上。

2010年前后，美国可汗学院的运营模式享誉世界，互联网公司发力在线教育领域，网易公开课、腾讯课堂等众多在线学习平台迎来快速发展期。

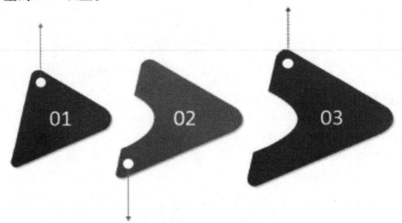

2000年，新东方网校上线运行，标志传统培训学校开始角逐在线教育市场，在此之后，传统培训学校网上教育逐渐发展成为在线教育市场的重要组成部分。

图3-1　我国网络学习进程

二、网络社交

随着web2.0时代的到来，社交媒体（如网络论坛／博客／微博等）已经成为人们沟通交流的重要平台，越来越多的人成为各大社交网站的发烧友，并衍生出越来越庞大的关系网络。社交媒体中蕴含着大量用户产生的内容，这些内容既包括有价值的最新资讯，又聚集着广大网民的观点和经验。[1]

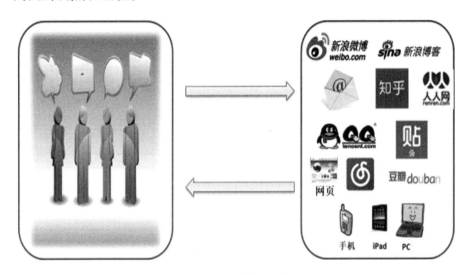

图 3-2 社交媒体

随着互联网技术的飞速发展，各种数据分析与云计算技术的不断发展成熟及其对社会生活各方面的渗透，社会性网络媒体成为社会关系维系和信息传播的主要载体和途径。在线社交网络可分为即时消息类应用、在线社交类应用、微博类应用和其他共享空间4类：

即时消息类应用是一种提供在线实时通信的平台，如 QQ、微信等；在线社交类应用，即提供在线社交关系的平台，如 Facebook、人人网等；

微博类应用，即提供双向发布短信息的平台，如新浪微博、腾讯微博等；

共享空间等其他类应用，即其他可以相互沟通但结合不紧密的Web2.0应用，如论坛、博客、视频分享、在线购物等。

从上个世纪开始，中国的网络社交就逐渐发展起来，经过30多年

---

[1] 傅湘玲、齐佳音：《面向在线社交网络的企业管理决策研究》，清华大学出版社2018年版。

的发展，网络社交日渐成为人们生活中不可或缺的一部分。丰富了人们的生活、拓宽了人们的交往方式。

图 3-3　网络社交的主要类型

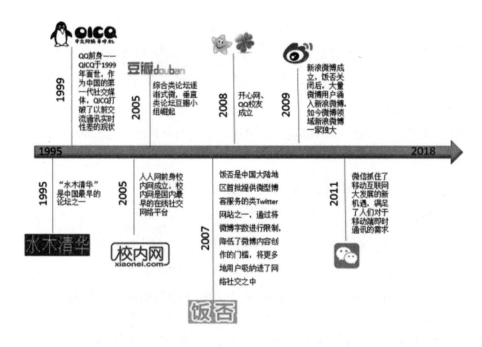

图 3-4　网络社交的发展进程

网络社交在为人们的生活带来的极大的便利的同时也埋下了不可忽视的隐患。我们中学生要善用网络社交的优势，防范可能的社交陷阱。

去年9月，一网名叫"小雨"的女子主动加小刘为QQ好友，两人很快发展成了男女朋友关系。随后数月，"小雨"先后多次以各种理由找小刘借钱，并且一直拖欠不还，而后在小雨的要求下，小刘来到小雨的城市见面，结果发现所谓的"妙龄少女"小雨实为一中年男子，中年男子伪装成妙龄少女是为了骗更多人来传销窝点入伙。结果小刘深陷传销窝点，无法脱困。

程程是一名高中生，在参加夏令营的时候结识了英国女孩Emma。夏令营结束后，两人互相添加了微信，如今虽然已是山水相隔，两个人却还是常常联系，和对方讲好多自己国家有意思的事情

李大爷在朋友圈看到有爱心机构可以帮助独居老人的帖子，独居的张大爷联系对方后却被告知接受捐助需缴纳手续费、公证费。张大爷按照对方所说缴纳了进一万手续费后，对方爱心机构却人间蒸发了。

明明遭遇车祸以后患上有创伤后应激障碍，需要每周一次的心理辅导。但是明明的身体还没有完全恢复，所以最后他选择了利用QQ视频的方式和心理医生进行沟通。

今年2月初，笑笑在放学回家的路上被人尾随，在打开家门的时候突然被身后的人一拥而入。正在对方打算实施抢劫的时候，邻居刘叔叔听到动静，出门查看情况，抢劫者夺路而逃。被捕后，抢劫者某某交代，他是在偶然的机会下成为了笑笑的社交好友，根据笑笑发表的朋友圈拼凑出了笑笑的年龄、性别、家庭地址和父母不常在家等情况，算好了时间进行的抢劫。

小韩是一名电影爱好者，他常将自己写的影评发在豆瓣、知乎等网站上，久而久之，小韩便因为影评视角犀利、偏僻入里而在圈内小有名气，很多人都会根据小韩的影评决定要不要看某一部电影。小韩也在这个过程中认识了很多同好，对电影的理解和认识也大有长进。

图 3-5　网络社交的优势与隐患

三、网络生活

1. 网络购物

网络购物是指交易双方从洽谈、签约及货款的支付、交货通知等整个交易过程都通过互联网进行的新型购物模式。1999年中国出现第

一家 B2C（Business-to-Customer）网站开始，经过近20年的发展，网络购物越来越深入到人们生活的各个领域，极大地方便了人们的生活。

网络购物供应商可分为老牌成熟电商企业、新兴移动电商企业、微商和二手电商四大类。

截止2018年，中国电子商务市场的交易规模已经达到了20.2万亿，其中网络购物占比为23.3%，高达47000亿以上。网络购物在为人们生活带来巨大便利的同时，也造成了新的危机。如何应对网络购物中可能存在的隐患，安全、合理地进行网络购物是中学生必备的网络素养。

图 3-6　网络购物

小李在网上"海淘"了一个上万元的"名牌包"，下单前客服再三保证，如若发现是假货，一定退货。"名牌包"到货后，小李发现和专柜的并不一样，想要退货时却被要求出示专柜出具的假货证明，有假货证明才能获得退货赔偿。但专卖店或专柜则称他们一般不会出具相关证明。

腾格尔家住牧区，人烟稀少，道路崎岖，原来只能等到一两个月才来一次的卖货卡车开进来，大家才能买上需要的东西，否则就要赶几十里路到镇上去买。后来有了网络购物，大家都学会了在网上买需要的东西，不光大大扩大了选择的范围，而且每过几天就会有车进来送一次快递，时效性也大大提升。

大学生的小方想换一台电脑，但是资金不够，所以他选择了一个分期购物平台。该平台承诺零首付、免息，但很快，小方就发现自己陷入了贷款公司的陷阱。在短短两个月的时间里，贷款公司巧立名目，将小方欠款数目从最初的6000元累积到10余万，翻了近20倍。面对催债电话，无力偿还的小方只好躲起来，但因为借钱时填写过个人信息，贷款公司很快找到小方的父母，要求并威胁他们偿还欠款。

图 3-7　网络购物带来的便利与隐患

2. 网络直播

网络直播在中国是有着较长的发展历史的网络应用，但直到2016年才迎来了网络直播发展的高潮，众多网络直播如雨后春笋，拔节生长，网络直播覆盖的用户也是节节攀升。经过十几年的发展，根据中国互联网络信息中心日前发布的第41次《中国互联网络发展状况统计报告》显示，2017年，我国网络娱乐类应用用户规模保持高速增长，其中网络直播用户规模达到4.22亿，年增长率达到22.6%。

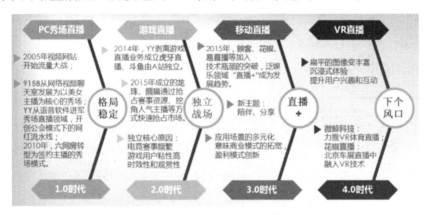

图 3-8　网络直播发展进程

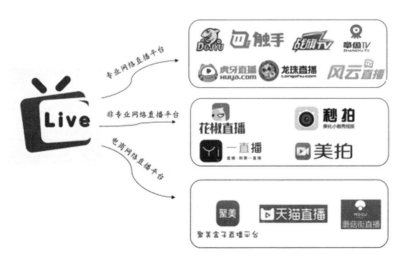

图 3-9　网络直播的主要类型

　　目前专业网络直播平台主要以游戏竞技和体育节目直播为主，这类平台分别有斗鱼、触手 TV、风云直播、爱奇艺直播等。非专业网络直播是以秀场直播为主的全民直播平台，例如映客直播、花椒直播等。电商网络直播平台是将传统电商与直播相结合，以直接的广告和营销为目标的新型平台，目前有天猫直播、蘑菇街直播和聚美直播等。

　　伴随着网络直播高速发展产生而来的还有各种光怪陆离的网络直播问题。如直过分娱乐化、低俗化的问题，青少年沉迷直播的问题，等等。但是直播并非百害而无一利，网络直播解决了时间、空间的限制问题，吸引了大批教育从业者入驻直播平台，让人们能够享受到更多更为优质的教育资源。

农历新年伊始，家住上海的孙女士打开微信支付功能，却突然发现自己微信钱包少了25万元，经调查，是其13岁的女儿为"打赏"自己喜爱的男网红将这笔钱挥霍一空。无独有偶，沈阳李女士的弟弟沉溺网络色情直播，一个月之内花费两三千元，李女士称，自己弟弟开始迷上直播后，成绩开始直线下降。

图 3-10　网络直播的利与弊

学习资源

　　在学习网站导航"纳米学习"中收录了包括全类别的公开课网站、面向学生群体的学习网站：http://1nami.com/

　　中国大学 MOOC：https://www.icourse163.org/

　　爱课程：http://www.icourses.cn/home/

第四章 网络搜索

在当今网络时代，网络搜索已经成为搜索的主要手段，提供网络搜索服务的搜索引擎（Search　Engine）已经成为人们搜索的主要工具。

一、搜索的发展

在当今网络时代，网络搜索已经成为搜索的主要手段，提供网络搜索服务的搜索引擎（Search Engine）已经成为人们搜索的主要工具。搜索在科技领域中通常称之为信息检索（Information Retrieval, IR）。总的来说，信息检索的发展经历了两个主要阶段，即：传统的手工检索阶段和现代计算机信息检索阶段。

1. 传统的手工检索阶段

信息检索起源于文摘索引工作和图书信息部门的参考咨询工作，最重要的早期发展是文献检索。文献检索是随着文献资料累积到一定程度时才出现的，目的是为了满足用户特定的文献查寻和文献需求。

有了文字记载以后，就有了文献检索的萌芽。早在我国西汉时期，刘向、刘歆父子整理编撰《别录》和《七略》，成为最早带有内容摘要的图书目录，开辟了从图书目录直接了解和查找西汉之前书籍概况的先河，是最早的书目性工具书之一。在我国唐宋时代，一些文人学者编制了一些工具书，供查找古籍中的俪句骈语、诗赋文章、史实或其它资料。人们通常称之为"类书"，实际上它们就是属于索引这一类的工具书。

（1）索引

第一部专门的索引出现约在13世纪，是为《圣经》编的《圣经语词索引》。1665年1月5日，法兰西科学院在巴黎创办了《学者周刊》，以专栏或附录形式出现的最早的文摘刊物。在这以后的一百多年中，许多综合性的、专业性的文摘刊物相继出现，成为一种常用的信息传递方式和检索媒介。

到19世纪初，文摘刊物开始走向独立编辑出版，而且报刊索引工作也随着报刊文献的增多而得到了很大的发展，并且与文摘刊物紧密结合在一起，成为查找科学文献的最重要的手工检索工具。

进入20世纪以后，由于科学技术的飞速发展，现代记录下来的知识急剧增长，文献数量也迅速增加，从而加大了文献查找的难度，于是真正意义上的信息检索产生。一些专门的检索工具，如文摘、索引、目录、百科全书等的编纂也随之发展起来。

（2）黄页

黄页（Yellow Pages），是指工商企业电话号码簿。1880年，世界上第一本黄页电话号码簿在美国问世，至今已有100多年的历史。按照国际惯例，都是用黄色纸张印制的，故命名为黄页。通常按照企业性质和产品类别编排，刊登内容包括企业名称、地址、电话号码等主要的联系信息。黄页能够帮助人们在众多企业中快速搜索到所需的目标信息。

图 4-1 黄页和 114

（3）114 电话号码查询

随着电话的普及，出现了 114 电话号码查询，简称查号台。初始时，就是通过便捷的 114 拨号，帮助人们快速查询电话号码、邮政编码、长途电话区号等。现在经过多年拓展，已经发展成为以电话号码查询为基础的全方位、多服务的信息服务平台，涵盖了机票酒店预订、医院预约挂号、法律咨询、交通指路等多种信息服务。目前查号台主要是运营商查号台，另外也有大型企事业单位设立的查号台，如央视查号台等。

（4）图书馆

随着图书馆及其馆藏文献的急剧增多，使图书馆的馆藏目录工作迅速开展起来，成为查询馆藏文献的有力工具。图书馆目录卡片包括分类目录、书名目录、著者目录、主题目录等。图书馆的参考咨询工作也包括了为读者提供科技查新、检索、定题服务等任务。

图 4-2　早期图书馆目录卡与人工检索

（5）字典

新华字典可以快速查字和词，有以下两种检索方式。汉语拼音音节索引：是音节到起始页码的对应表。如果知道读音，可以使用该索引尽快找到目标页。部首检字表：是部首到起始页码的对应表。如果不知道读音，知道字的写法，可以使用该索引尽快找到目标页。

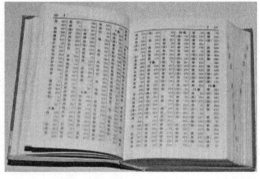

图 4-3　新华字典与检索页

2. 现代计算机信息检索阶段

由于计算机的成功制造和在信息工作中的应用，使人们拥有了强有力的信息存贮和信息处理手段，从而促进信息检索走上了计算机化的道路。人们一直设想利用计算机查找文献，于是，计算机技术逐步走进了信息检索领域，并与信息检索理论紧密结合起来，促使信息检索在教育、军事和商业等各个领域高速发展，得到了越来越广泛的应用。

1954年，美国海军兵器中心首先采用IBM-701型计算机建立了世界上第一个科技文献检索系统。1957年，H.P. 卢恩等人研究采用计算机编制索引取得成功。1964年，美国化学文摘服务社建立了文献处理自动化系统，使编制文摘的大部分工作实现了计算机化，以后又实现了计算机检索。1964年，美国国立医学图书馆的医学文献分析与检索系统（MEDLARS）建成并投入使用。

20世纪60年代末70年代初，由于计算机分时技术的发展，通信技术的改进，以及计算机网络的初步形成和检索软件包的建立，用户可以通过检索终端设备与检索系统中心的计算机进行人机对话，从而实现对远距离之外的数据库进行检索的目的。用户可借助国际通讯网络直接与检索系统联机，从而实现不受地域限制的国际联机信息检索。

网络搜索：随着互联网的发展，网络信息资源飞速发展，网络信息检索服务大量涌现。信息检索呈现大众化、移动化、多媒体化。人们可使用通用搜索引擎或专用搜索引擎等众多搜索引擎。

二、搜索方法

本节中的搜索方法均以百度搜索为例。

1. 关键词搜索技巧

在使用搜索引擎搜索关键词时，选择关键词非常重要，如果关键词选择的比较准确，那么搜索效果也会比较好。选择关键词的技巧是通用的，关键词应尽量准确包括自己想要的内容。关键词不能太多，如果关键词太多，搜索结果页面包括的范围太大，需要花费大量时间查找自己想要的信息；关键词也不能太细，如果关键词选择的太细，那么搜索结果也会比较少，甚至搜索不到想要的页面。因此，恰到好处地选择关键词可以大大提高搜索的效率。

（1）标题包括某一个关键词

如果想用百度搜索网页标题包含某一个关键词的页面，那么可以使用 intitle 功能，比如百度搜索"intitle：北京邮电大学"，搜索结果就显示网页标题包括北京邮电大学的页面。

如果想要百度搜索结果必须包括某一个关键词，那么可以使用"＋"号，告诉搜索引擎必须包括该关键词。如果想用百度搜索的结果不包括某一个关键词，可使用"–"号，比如搜索"北京邮电大学 –seo"，搜索结果只包括网站优化。

图 4-4　标题关键词检索

（2）URL 链接中包括某一个关键词

如果想使用百度搜索 URL 链接中包括某一个关键词的页面，那么可以使用"inurl"。比如百度搜索"inurl:ccyl.org"，搜索结果将显示 URL 中包括 ccyl（中国共青团英文全称缩写）的页面。

图 4-5　URL 链接关键词检索

（3）在特定网站中查找

如果想在特定网站中搜索某一个关键词，可以使用 site 命令，比如搜索"网络素养 site:www.cac.gov.cn"，将在网信办网站搜索网络素养相关的信息。

图 4-6　特定网站关键词检索

（4）完全匹配

如果想使用百度搜索完全匹配某一个关键词或者短语，可以使用双引号，比如"上海合作组织"，搜索结果将是完全包括"上海合作组织"的页面。

图4-7 完全匹配关键词检索

2. 搜索书籍或者电影名称

如果想搜索书籍名称或者电影等资料名称,可以使用书名号《》,搜索结果将包括该书籍资料、影视资料的页面。

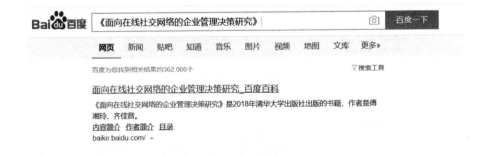

图4-8 书籍电影检索

3. 搜索指定类型的文档

如果想使用百度搜索指定类型的文档，可以使用 Filetype 功能，比如搜索 "Filetype:doc"，搜索只显示包含 word 文档的页面。

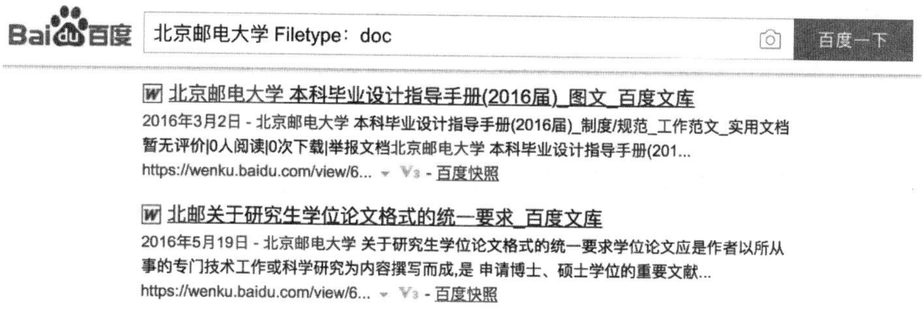

图 4-9 指定类型文献检索

4. 搜索设置、高级搜索

通过百度高级搜索功能，可以实现很多高级功能，满足具体功能的需要，比如规定时间内收录的页面，文档格式、关键词位置、站内搜索等功能。

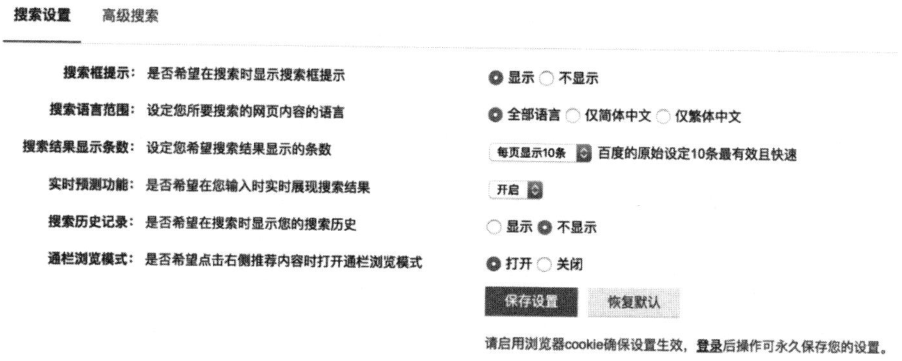

图 4-10 高级检索

5. 逻辑语言搜索

逻辑"与"为"AND""and"，有时也可用"&"符号表示。其含义是只有相"与"的提问关键词全部出现时，检索到的结果才算符合条件。逻辑"或"为"OR""or"，有时也可用"｜"符号表示。其含义是只要相"或"的提问关键词中有任何一个出现，检索到的结果均算符合条件。逻辑"非"为"NOT""not"，有时也可用"！"符号表示。其含义是搜索结果中不应含有"NOT"后面的提问关键词。

每个搜索引擎可以使用的布尔运算符是不同的。有的只允许使用大写的"AND""NOT""OR"运算符，有的大小写通用，有的可支持"&""｜""！"符号操作，有的不支持或仅支持其中的一个等等。

图 4–11　使用逻辑符号进行检索

6. 垂直搜索

百度有很多垂直搜索功能，比如百度图片搜索、百度新闻搜索、百度影视搜索、百度音乐搜索、百度知道搜索等。通过百度垂直搜索的相关信息质量更高，效果更好。

图 4-12　垂直搜索

7. 现代搜索引擎：服务搜索

服务搜索：在百度搜索"北京天气"，就会直接显示北京一周的天气预报。非服务搜索：在百度搜索"非洲天气"，不会直接返回相关指数。

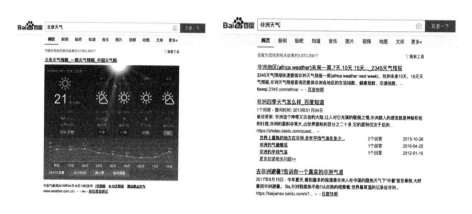

图 4-13　服务搜索

8. 新颖搜索引擎：知识发现搜索

搜索知识是根据用户的需求，为用户提供答案。知识发现类搜索引擎的目的在于给用户一种解答方案，这种答案通常具备很强的优化能力。

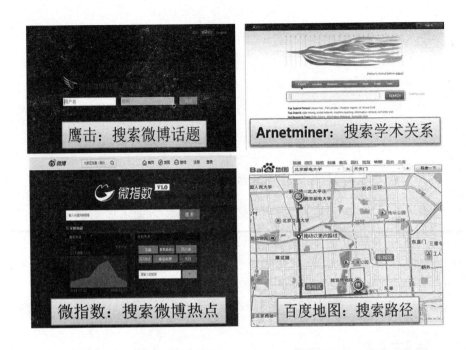

图 4-14 知识发现搜索

三、搜索页面信息理解

图4-15中的1、2、3、4、5部分分别代表搜索框、垂直导航、自然结果、百度信誉档案、知心搜索。

搜索框：在搜索框中输入要查询的内容，按回车键，或者点击右侧百度搜索按钮，就可以得到想要查询的内容。

垂直导航：搜索引擎提供对不同垂直领域进行搜索的选项，如音乐、图片、视频等。点击这些链接将会得到相应垂直领域的搜索结果。

自然结果：这是搜索页面的主体部分，显示了以查询内容为关键词得到的众多搜索结果。有时还会根据情况显示其他信息，比如：最后抓取页面的日期和时间、搜索结果网页的文件大小、和搜索结果相关的同网站的其他链接、搜索结果网页上的其他相关信息，比如：评论、打分、广告和联系信息等。

　　百度信誉档案：展示网站的信誉档案结果，根据查询内容选择性显示，如果查询内容与某一个网站名称相同则予以显示。

　　知心搜索：从行业纬度出发，通过搜索请求智能化地判断所属垂直行业，并推送按该行业属性整合后的内容、产品、服务给用户。

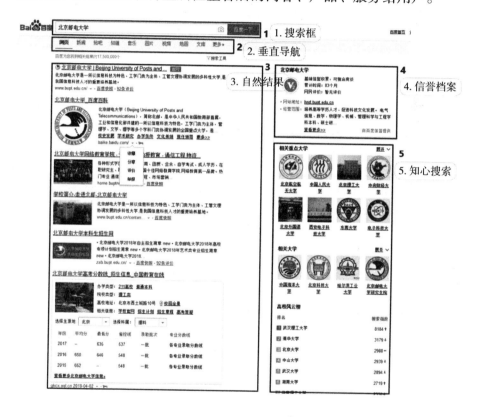

图 4-15　搜索页面信息

图中 a、b、c、d 部分分别有如下含义：

a：搜索结果标题，点击标题，可以直接打开该结果网页；

b：搜索结果摘要，通过摘要，可以判断这个结果是否满足需要；

c：搜索结果的 URL 地址；

d：百度快照，"快照"是该网页在百度的备份，如果原网页打不开或者打开速度慢，可以查看快照浏览页面内容。

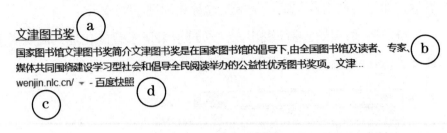

图 4-16　搜索页面信息

"相关搜索"是有相似需求的用户的搜索方式，按搜索热门度排序。如果搜索结果效果不佳，可以参考这些相关搜索。

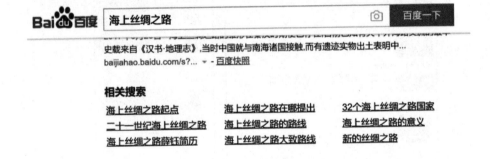

图 4-17　搜索页面信息

四、移动搜索

本节主要包括移动搜索的定义和典型应用场景两部分。

1. 移动搜索的定义

移动搜索是基于移动网络的搜索技术总称，用户可以通过移动终端，利用短信息服务（SMS），无线应用协议（WAP），交互式语音应答（IVR）等多种接入方式进行搜索，获取 WAP 及互联网信息内容、移动增值服务内容及本地信息等用户需要的信息及服务。移动设备大多数情况下指我们平时使用的智能手机，平板电脑等手持设备。

2. 移动搜索的典型应用场景

下面介绍一些生活中常见的移动搜索应用场景。

（1）导航：利用全球定位系统

如图4-18所示，一位同学打算从北京邮电大学导航去首都图书馆，便使用手机中的导航软件搜索出路线，根据实时导航前进。

那么手机导航功能究竟是如何实现的呢？手机导航通过 GPS 模块、导航软件、GSM 通信模块相互分工配合完成：

GPS 模块完成对 GPS 卫星的搜索跟踪和定位速度等数据采集工作；

导航软件路径引导计算功能会根据我们的需要，规划出一条到达目的地的行走路线。然后利用 GPS 模块得到位置信息，不停地刷新电子地图，从而使我们在地图上的位置不停地运动变化；

GSM 通信模块完成手机的通讯功能，并对采集来的 GPS 数据进行处理，上传至指定网站。

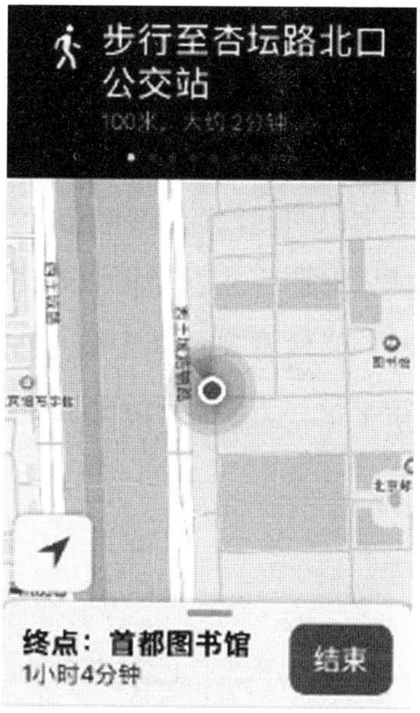

图 4-18

（2）语音搜索：利用麦克风

相比于在搜索框中输入文字，现在有了一种更为便捷的输入方式——语音搜索。如下图所示，假如我们想了解今天的天气如何，可以在百度 APP 中利用语音搜索来查找答案。

语音搜索的原理其实也很简单，首先通过麦克风接受用户所说的话，然后利用语音识别系统识别用户在说什么，并且理解用户的真正意图。最后尝试在互联网上查找相应的内容，并将结果呈现给用户。

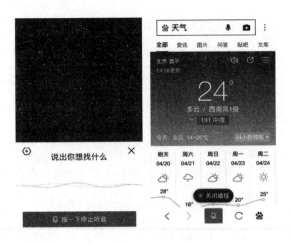

图 4-19　语音搜索

（3）图片搜索：利用摄像头

除了利用语音，还可以利用图片进行搜索，实现"以图搜图"或者"以图搜物"。系统会对拍摄的照片提取特征，然后在图片库中进行搜索对比，并返回相似度最高的商品。

偶然看到一朵十分美丽的花，想知道是什么品种，图片搜索可以帮上忙。下面展示了百度识图的功能。

图 4-20　图片搜索：百度识图

五、搜索的未来

1. 新的模式

移动性：用户可通过手机、平板、汽车和还未普遍应用的可穿戴设备使用搜索引擎。

语义搜索：搜索引擎的工作不再拘泥于用户所输入请求语句的字面本身，而是透过现象看本质，准确地捕捉到用户所输入语句后面的真正意图，并以此来进行搜索，从而更准确地向用户返回最符合其需求的搜索结果。

多媒体搜索：人们在进行搜索活动时，既可键入关键词，也可使用语音、手势、图片甚至歌曲来提交搜索问题。

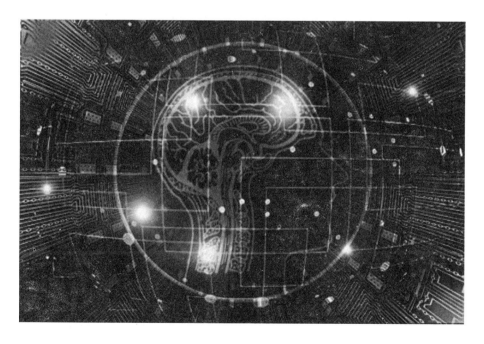

图 4-21 未来搜索模式

2. 个性化

每个人的搜索结果会根据各自不同特点而不同。将用户输入的关键字和该用户的个人偏好联系起来进行查询，据此猜测该用户可能想要得到的信息，从而将该用户最可能需要的信息显示在最前面。

3. 跨语言搜索

用户在搜索任何关键词时，搜索引擎将其自动翻译为其他语言，以扩大搜索范围。最终返回的搜索结果，将包括各种语言相关的网页。

第五章　网络参与

当今世界正处于一个堪与工业革命相媲美的技术变迁时期，日新月异的互联网技术使互联网从信息单向传播、用户被动接受的Web1.0时代跨入以用户创作、内容分享、意见互动为主要特征的Web2.0时代。

一、网络内容创作

当今世界正处于一个堪与工业革命相媲美的技术变革时期，日新月异的互联网技术使互联网从信息单向传播、用户被动接受的Web1.0时代跨入以用户创作、内容分享、意见互动为主要特征的Web2.0时代。

一方面，现实社会中的个体借助互联网与不同时空、更大数量的其他个体建立起更为广泛的人际沟通网络，社会网络化趋势明显；

另一方面，社会网络化和网络社会化不断交叠互动，深刻地影响着未来社会形态演进。如果说社会网络化主要是借力于Web2.0的社会性软件技术，那么网络社会化则主要源于草根沟通成本大幅降低之后所带来的用户创作内容（User　Generated Contents，以下简称UGC）的极大丰富。

以UGC为信息纽带，带来草根阶层的流畅互动，零散的话语信息得到最大程度的聚合，产生巨大的社会影响力。据统计，2010年我国网民产生的内容的流量已超过网站专业制作内容流量（数据来源：DCCI Net monitor），标志着"微众时代"已经来临。

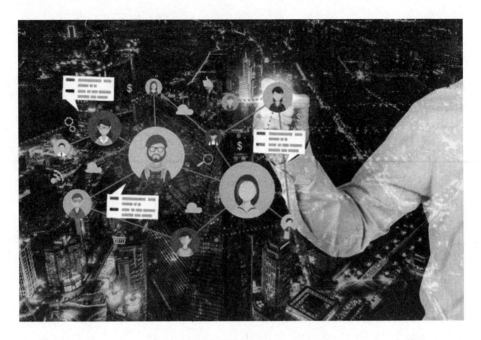

图 5-1　网络内容创作、分享与互动

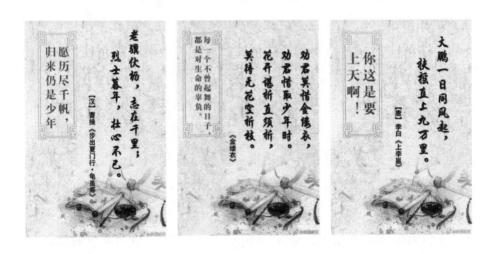

图 5-2　当古诗词遇到网络流行语，不一样的网络内容创作

Web2.0用户创作内容的门槛低、意图多元、传播渠道广泛连通、影响效果多样且不可预见等特点，成为大量草根个体集结成群，发挥前所未有的影响世界和改变世界的平台。Web2.0不仅使普通网民获得了话语权，而且使得有意进行信息操纵的人获得了更为隐蔽和更具欺骗性的话语操纵力量。

链接：网络话语权

男子孟某因在400人微信群内，发布"南京杀三十万太少"等言论，被群友举报。2018年2月23日，上海市公安局杨浦分局依法对孟某处以行政拘留5日的处罚。没想到，行拘结束后，孟某又在南京大屠杀遇难同胞纪念馆内拍摄视频，侮辱向警方举报以及批评他的网友。

据了解，3月3日，一男子在南京大屠杀纪念碑前拍摄视频，侮辱他人，还称要开直播求打赏。视频在网络流传后，引发网友强烈谴责，不少网友留言称这种人"无底线炒作"、应该"接着拘"。3月5日，纪念馆发表声明，对这种无耻行为予以强烈谴责！

太嚣张！

2018-03-05 侵华日军南京大屠杀遇难同胞纪念馆

关注我们，铭记一段历史

2月22日，因在微信群里漫骂、污蔑南京大屠杀遇难者而被上海杨浦警方行政拘留5日的孟某，在拘留期满后，竟来到侵华日军南京大屠杀遇难同胞纪念馆，在刻有"遇难者300000"的墙前录制视频，进行自我炒作。对这种行为，本馆予以谴责！

图 5-3 南京大屠杀纪念馆发表声明

3月8日上午，外交部部长王毅在梅地亚新闻中心就热点问题回答记者提问。在准备起身离场时，记者们仍争先恐后向外长提问。《现代快报》特派记者大声问："外长，对近来'精日'分子不断挑衅民族底线的行为，您怎么看？"现场虽嘈杂，但是外长仍驻足倾听提问，听清问题后，他严肃地手一挥，怒斥部分"精日"分子的行径："中国人的败类！"王毅部长的这次"发飙"，网友们都说："太解气！"①

图 5-4　网友回应

二、大数据

1. 大数据浪潮

"大数据"是指在一定时间内难以依靠已有数据处理技术进行有效采集、管理和分析的数据集合，它通常满足"5V"特点。

图 5-5　大数据的五个重要特点

---

① 国宁：《王毅怒斥：这种人就是"中国人的败类"！》，https://mp.weixin.qq.com/s/bwelE0VflL2Al7Wqg5R3IQ（访问时间：2018年6月20日）

现代社会已经离不开信息技术和设备，上至轨道卫星，下到隧道矿井，无论是市场、学校、车站、公司每时每刻都传递的信息，每个人都是数据源，每天都在生成大量数据，传递和存储着海量的数据，大数据改变着世界：

（1）改变运营管理模式

2013年3月，迪士尼公司研发智慧旅游服务系统在迪士尼度假区试点推出。这一系统整合了网站、手机应用和魔法手环三个部分，是一个典型的物联网系统。魔法手环中嵌有无线射频识别芯片，源源不断地产生游客实时数据。基于这些数据，迪士尼不但可以更好地平衡和疏导园内客流，还能为游客提供极具个性化的服务。

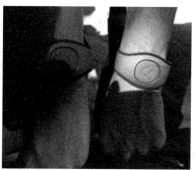

图5-6　迪士尼魔法手环

（2）改变城市交通

利用城市的交通情况的历史数据，再结合实时数据，预测未来几个小时以内该城市各条道路可能出现的交通状况，并且帮助出行者规划最好的出行路线。（如图5-7）

（3）改变诊疗模式

随着大数据时代的到来，很多百姓可以通过网上预约挂号，病人

的信息也能够及时地进入信息系统形成各类诊疗数据。根据不同病人的情况，系统分配相应的医生进行治疗。（如图5-8）

图 5-7 大数据与城市交通

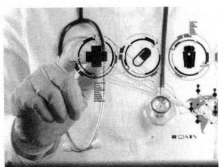

图 5-8 大数据与医疗健康

2. 大数据的魅力

大数据技术主要包括大规模并行处理数据库、分布式文件系统、分布式数据库、云计算平台、互联网等。

在信息量巨大的时代，每天都有大量的数据出现，这种海量数据的收集、整理、建模、分析、挖掘，已经催生出以云计算为基础的数据整理以及相应的开发技术，面对每天产生的大数据，从中提取到极其丰富的有效信息。

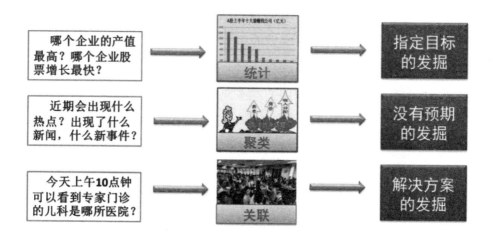

图 5-9 大数据价值发掘

3. 大数据的时代意义

西方国家在近代之所以能走在世界前列，很大程度依靠思维方式，机械思维曾经改变人类工作方式，并且在工业革命和全球工业化起到决定性作用。今天这种思维方式依然能指导我们行动，找到事情的确定性和因果关系。但是今天我们面临的情况比较复杂，无法确定事情的因果关系时，大数据为我们提供解决问题的新方法。数据中包含的信息可以帮助我们消除不确定性，数据之间的相关性取代原来的因果关系，帮助我们得到想要的答案。

蒸汽机的发明标志着以机械化为特征的第一次工业革命，电的发明标志着以电气化为特征的第二次工业革命，现在以大数据应用和智能化为特征的新一轮产业革命已经到来，它对人类文明和社会进步及经济发展的影响将不亚于前两次工业革命。

4. 大数据应用案例

案例一：大数据助力勇士队登顶 NBA 总冠军

勇士新管理层在上任后所做的第一件事，不是购买大牌球星，反而是把队伍中的明星卖掉，然后围绕一位当时毫无名气的球员重新制定球队的风格和战术，管理层的这些决策依据是从大数据中得到的结论。根据数据分析的结果，管理层认为 NBA 很多联赛追求的打法是低效率的，管理层之后重用当时的普通球员——斯蒂芬库里，因为他有一个特长，那就是投篮准。正是有大数据技术，勇士队才在短短6年里从倒数第二名登顶 NBA 的总冠军。

图 5-10　大数据成就勇士队夺冠

案例二：大数据看春运中流动的中国

中国春运无疑是全球范围内最大规模的人口迁移活动，也是研究国内人口流动流量、流向变化的最佳时期。社交网络大数据中，很多学者对腾讯公司 QQ 和微信用户实时登录信息进行分析，可以得到比较准确的人口分布和数据。由于聊天软件用户年龄主要在18-50岁，该年龄段也和外来人口的年龄结构基本一致，通过分析春节期间大规模聊天软件地域的变动，可以通过大数据分析推算出城市人口流动情况。

图 5-11 大数据分析人口流动情况

三、人工智能

1. 人工智能

人们常说的人工智能，和真正的人工智能是否一样？电影中出现的人工智能是否能够实现？当前人工智能领域可以达到什么程度？

（1）强人工智能

人类理想状态所要达到的人工智能我们把它叫做强人工智能。强人工智能指的是能够和人类拥有相同的智慧和情感或更高的智慧等。

判定强人工智能的方法有咖啡测试、机器人学生测试、图灵测试等，其中最著名的是图灵测试，让一个人类测试者和计算机进行文本对话，如果他不能分辨对方是人类还是机器，就说明机器通过了图灵测试。

人类能否实现强人工智能目前还是未知的。

（2）弱人工智能

目前在科学领域的人工智能一般只面向特定问题和任务，即弱人工智能。弱人工智能，也叫做应用人工智能，它们只为解决每个方向特定的任务。目前所涉及的领域有：计算机视觉，语音识别，自然语言处理等等。

不同的领域可以相互结合，例如同时使用语音识别和自然语言处理的 Siri，可以通过语音识别接收人的声音，转换成文本，并与人进行对话，解决问题。

小链接：人工智能就是机器人吗？

《超能陆战队》中的大白或是《机器人总动员》中的瓦力，它们都有接近于人类的躯体和情感，并且有超出人类个体水平的能力，但它们都只是人工智能所发展的一种方向。机器人只是人工智能的一种载体，人工智能也不一定必须通过机器人去展现。其实人工智能的发展关系我们生活的方方面面，手机中的 Siri，刷脸即可认证身份的软件，汽车的自动驾驶等等都是随着人工智能的发展应运而生。

图 5-12　NAO 机器人

2. 人工智能各层领域

人工智能研究的领域主要有四层：

第一层是基础设施建设，包含大数据和云计算两部分，数据越大，计算速度越快，人工智能的能力越强。

第二层为算法，如机器学习、深度学习、强化学习（SVM、决策树、卷积神经网络、循环神经网络、Q-Learning。

第三层为重要的技术方向和问题，如计算机视觉，语音工程，自然语言处理，决策系统。这些都能在机器学习等算法上产生。应用到如图像识别、语音识别、机器翻译等等。

第四层为行业的解决方案，如人工智能在金融、医疗、互联网、交通和游戏等上的应用。

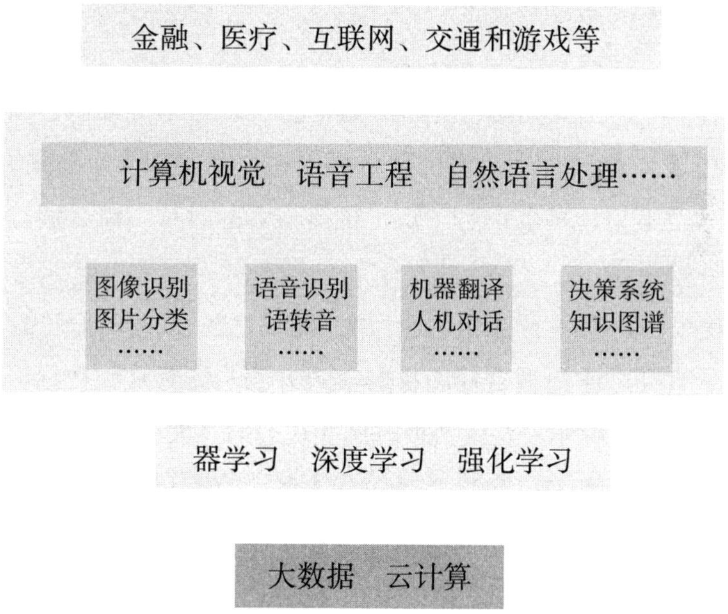

金融、医疗、互联网、交通和游戏等

计算机视觉　语音工程　自然语言处理……

| 图像识别 图片分类 …… | 语音识别 语转音 …… | 机器翻译 人机对话 …… | 决策系统 知识图谱 …… |

器学习　深度学习　强化学习

大数据　云计算

图 5-13　大数据的研究领域

（1）人工智能 = 大数据 + 云计算

目前人工智能的发展一定程度上都是基于大数据和云计算。比如目前流行的人脸识别，语音识别，自然语言处理等技术，都是建立在大数据的基础上，通过统计学、机器学习等知识对大量的数据进行处理并训练，从中归纳出一般较难识别出的规律，并把学习到的规律应用在类似的数据上，从而可以推断出预期的结果。

而大量数据的处理需求，则对计算能力和计算速度有更高的要求。普通的个人计算机显然已经无法满足这个需求，云计算应运而生。云计算更加稳定安全同时具备更快速的处理能力。正是大数据和云计算进一步推进了人工智能的快速发展。

（2）人工智能的算法

人工智能的基础算法是机器学习，近年来又发展出了深度学习、强化学习等。

机器学习，主要利用计算机、概率论、统计学等知识，通过给计算机程序输入数据，让计算机学会新知识，是实现人工智能的途径，但这种学习不会让机器产生意识。机器学习的过程，就是通过训练数据寻找目标函数。

深度学习，是一种在表达能力上灵活多变，同时又允许计算机不断尝试，直到最终逼近目标的机器学习方法。能够从大数据中自动学习特征，也是深度学习在大数据时代受欢迎的一大原因。

强化学习，主要包含三个概念：状态、动作和回报。智能体从环境和行为中学习，也就是如何在环境中采取一系列行为，才能使得奖励信号函数的值最大，即获得的累积回报最大。

这些算法推进了传统计算机视觉和自然语言处理等领域的应用和发展。

链接：如何理解深度学习？

假设深度学习要处理的数据是信息的"水流"，而处理数据的深度学习网络是一个由管道和阀门组成的巨大的水管网络。网络的入口是若干管道开口，网络的出口也是若干管道开口。这个水管网络有许多层，每一层有许多个可以控制水流流向与流量的调节阀。根据不同任务的需要，水管网络的层数、每层的调节阀数量可以有不同的变化组合。对复杂任务来说，调节阀的总数可以成千上万甚至更多。水管网络中，每一层的每个调节阀都通过水管与下一层的所有调节阀连接起来，组成一个从前到后，逐层完全连通的水流系统（这里说的是一种比较基本的情况，不同的深度学习模型，在水管的安装和连接方式上，是有差别的）。

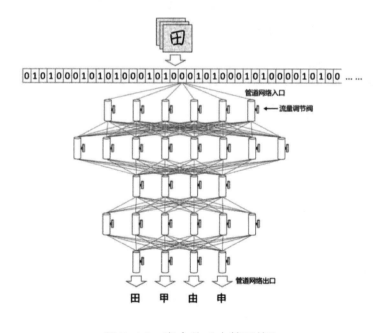

图 5-14 庞大的"水管网络"

计算机该如何使用这个庞大的水管网络，来学习识字呢？

比如，当计算机看到一张写有"田"字的图片时，就简单将组成这张图片的所有数字（在计算机里，图片的每个颜色点都是用"0"和"1"组成的数字来表示的）全都变成信息的水流，从入口灌进水管网络。

我们预先在水管网络的每个出口都插一块字牌，对应每一个我们想让计算机认识的汉字。这时，因为输入的是"田"这个汉字，等水流流过整个水管网络，计算机就会跑到管道出口位置去看一看，是不是标记有"田"字的管道出口流出来的水流最多。如果是这样，就说明这个管道网络符合要求。如果不是这样，我们就给计算机下达命令：调节水管网络里的每一个流量调节阀，让"田"字出口"流出"的数字水流最多。

这下，计算机可要忙一阵子了，要调节那么多阀门呢！好在计算机计算速度快，暴力计算外加算法优化（其实，主要是精妙的数学方法了，不过我们这里不讲数学公式，大家只要想象计算机拼命计算的样子就可以了），总是可以很快给出一个解决方案，调好所有阀门，让出口处的流量符合要求。①

3. 生活中的人工智能

（1）人脸识别和声纹识别

人脸识别通过对大量图像信息使用机器学习等算法进行预处理、提取特征、特征对比、训练模型等，识别图像中的人脸并识别其身份。声纹识别通过录音设备把声音信号转换成电信号，再用电信号处理算法提取特征，使用机器学习算法来识别说话人的身份。例如现在的支

---

① 李开复、王咏刚：《人工智能》，文化发展出版社 2017 年版。

付宝，微信等软件，可以仅仅通过摄像头刷脸，或者读数字对比录音即可认证是否本人使用。机场火车站也已经采用了这项技术，通过面部识别和身份证信息对应，即可认证身份进站，免去人工检票的时间。

图 5-15　火车站人脸识别验票闸机

（2）自动驾驶

自动驾驶虽还没有完全成熟，但已有许多进展。例如：自动泊车系统通过传感器检测周围物体避免障碍物，自行搜索合适的位置进行停车；驾驶员警报系统实时监控驾驶员的面部信息，发现疲劳驾驶时发出警报；自适应巡航控制系统通过传感器获取当前的交通流量信号来调整车辆的速

图 5-16　扫地机器人

度。再如，扫地机器人（图5-16）、垃圾清扫车也都在采用类似的技术。扫地机器人可以通过激光或图像式测算系统检测障碍物，避免撞击，并通过学习路径规划出合理路线，结束后可以自动回归原位充电等。

图 5-17　自动驾驶汽车

（3）机器翻译与语音识别

机器翻译是通过对大量文本信息的学习可以找出不同语言之间表达相同意思的对应关系，从而推断出一种语言表达的意思所对应的另一种语言的表示。如图5-18的百度翻译。语音识别则通过对录入的语音信息转换成的电信号学习与之相应的文本之间的规律，从而在应用时可以通过语音推断出对应的文本文字。例如在微信中可以发送语音并转换成文字。

（4）其他领域的应用

决策系统，通过获取的一系列感知信号，如何运用规划算法决定下一步如何行动。例如在自动驾驶技术、无人飞机中通过当前环境决定什么时候转向、什么时候加速等。

图 5-18 语言识别

知识图谱，把所有的信息链接在一起构成一张知识网络。知识图谱最早被应用于搜索引擎领域，相对于传统基于关键词搜索，知识图谱更好的应用到具有复杂关系的信息中，改进搜索质量。比如在百度搜索框中搜索"杂交水稻之父"，可以准确返回袁隆平的名字及基本信息。

图 5-19 知识图谱的应用

第六章　网络安全

网络空间是人类通过网络角色、依托信息通信技术系统来进行"广义信号"交互操作的人造活动空间。抽象地看，网络空间安全以攻击与保护信息系统、信息自身及信息利用中的机密性、可鉴别性、可控性、可用性四个核心安全属性为目标，具体反映在信息系统的4个层面：物理安全、运行安全、数据安全、内容安全，也就是信息流转的各个协议层环节。

一、物理安全

物理安全指对网络与物理装备和实体的安全。主要涉及网络与信息系统的机密性、可用性等属性。物理安全方面的主要威胁包括：电磁泄露、通信干扰、人为破坏、自然灾害和设备故障等方面。

链接：电磁泄露

1985年，在法国召开的一次国际计算机安全会议上，年轻的荷兰人范·艾克当着各国代表的面，公开了他窃取微机信息的技术。他用价值仅几百美元的器件对普通电视机进行改造，然后安装在汽车里，这样就从楼下的街道上，接收到了放置在8层楼上的计算机电磁波的信息，并显示出计算机屏幕上显示的图像。他的演示给与会的各国代表以巨大的震动。

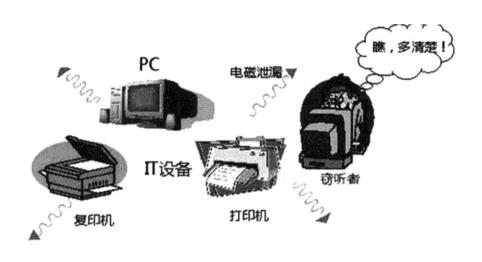

图 6-1 电磁泄露

1. 电磁泄露

电磁泄漏是指信息系统的设备在工作时能经过导线或空间向外辐射。这些电磁信号如果被接收下来，经过提取处理，就可恢复出原信息，造成信息失密。

2. 通信干扰

通信干扰是指运用无线电干扰设备发射适当的干扰电磁波，破坏扰乱敌方无线电通信的通信对抗技术。通信干扰的事情时有发生，通信干扰对航空通信、水上通信等安全业务的干扰，直接威胁到社会稳定、国家安全和人民生命财产的安全。

2015年8月13日，海南省无线电监督管理局快速排除一起调频广播干扰民航通信案。海南省无线电监督管理局改为无线电监督管理局接到民航海南空管局的干扰投诉称，海南西部上空所有途经飞机通信都受到严重干扰。接到申诉后，海南省无管局立即开展监测，确保民航飞行安全。监测人员根据经验分析推测，制定了排查方案，经连续几个小时的搜索排查，于当天19时确定干扰信号来自东方市广播电视发射塔。

3. 人为破坏、自然灾害

（1）灾备技术

即灾难备份与恢复技术，是指利用技术、管理手段以及相关资源确保关键数据、关键数据处理系统和关键业务在灾难发生后可以恢复的过程。从这个意义上说，灾备的目的就是确保关键业务持续运行以及减少非计划宕机时间。

（2）异地灾备

指将本地的数据实时备份到异地服务器中，可以通过异地备份的数据进行远程恢复，也可以在异地进行数据回退。

这样就算本地的容灾备份中心发生了大灾大难，也可以从异地快速恢复数据或接管系统。

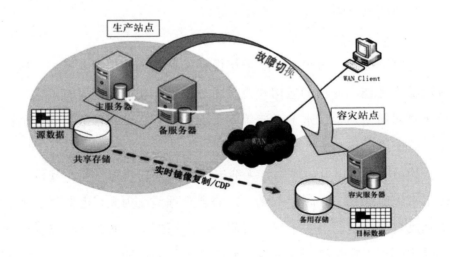

图 6-2　多站点容灾方案

（3）国内企业数据灾备现状

2008年5月12日，四川发生地震，带来的损失不计其数。2017年8月8日，九寨沟发生7.0级地震，同样带来不小损失。

近年来，无论是地震还是海啸，或是局部地区的恐怖袭击，都给大家在数据资产保护上敲响了警钟。很多政府或是企业把数据的安全保护和备份工作提到了前所未有的高度。一些有条件的企业，比如金融企业，已经采取两地三中心的备份和数据恢复方案，更有甚者，还选择不同的地震带建立异地灾备中心。

虽然整体异地灾备中心并非每家企业的标配，但到目前为止，已经有一些政府部门、大型企业陆续进行灾难备份建设。从目前已建灾备中心选址情况看，主要集中在北京、上海，以及广东的深圳、南海、佛山、东莞等地，近几年在贵州、成都、宁夏、克拉玛依因为其地理位置的优越性和安全性，也承建了不少国家级、省级的灾备中心。

（4）国外企业数据灾备

面对一个城市的毁灭，单一数据中心的抗灾能力是无论如何不能应对这样的大型天灾。即使不考虑大型天灾，一般的消防事件（火灾、水灾等）虽然数据中心有严密的防范措施，但也不能保证数据中心不会局部受到损坏，面对这样的损坏也只有数据中心灾备能够将损失降低到最小。

链接：思考与讨论

众所周知的911事件，其带来的损失不计其数，导致数百家大型企业蒙受巨额损失，甚至有数十家知名企业从此消失。

许多日本企业在美国911的惨痛教训中吸取了经验，对业务灾备进行了更为严格的要求。日本大地震、海啸、核泄漏对日本经济同样造成了不可衡量的损失，预计重建需要花费25万亿美元，但据统计显示日本的大型企业业务均正常运行没有受到直接打击。

面对时有发生的自然灾害和人为操作对物理安全的破坏，我们应该如何保证数据的安全？

二、运行安全

运行安全指对网络与系统的运行过程和运行状态的保护。主要涉及网络与信息系统的可控性、可用性等。运行安全方面的主要威胁包括：网络攻击技术，Phishing（网络钓鱼），Botnet（僵尸网络），DDoS（分布式拒绝服务攻击），木马。

1. 网络攻击

网络攻击是指利用网络存在的漏洞和安全缺陷对网络系统的硬件、软件及其系统中的数据进行的攻击。

链接：WannaCry 病毒

2017年5月12日，一个称为"想哭"（WannaCry）的蠕虫式勒索病毒在全球大范围爆发并蔓延，这款病毒对计算机内的文档、图片、程序等实施高强度加密锁定，并向用户索取以比特币支付的赎金。100多个国家的数十万名用户中招，其中包括医疗、教育等公用事业单位和有名声的大公司。期间，勒索软件入侵了英国45个公关医疗机构，将这些机构的电脑中的文件进行加密，并要求支付赎金，导致医院电脑系统瘫痪、救护车无法派遣，延误病人治疗，造成性命之忧。

WannaCry 的影响力来自于其中一个泄露的 Shadow Brokers Windows

漏洞 Eternal Blue。微软已经在3月份发布了该错误的 MS17-010 补丁，但许多机构没有及时下载更新补丁，因此容易受到 WannaCry 感染。

除了病毒之外，蠕虫也是一种常见的恶意代码，蠕虫是一种可以自我复制的代码，通过网络传播，通常无需人为干预就能传播。下表为病毒与蠕虫的对比。

表3　病毒与蠕虫的对比

恶意代码类型	复制	传播路径	是否通过用户交互感染传播
计算机病毒（virus）	自我复制	感染文件	通常用户交互感染对于传播来说是必要的，例如运行一个程序或者打开一个文档文件
蠕虫（worm）	自我复制	通过网络传播	一般不需要用户交互感染。蠕虫通过目标系统的弱点或错误的配置传播

除了依靠技术，黑客还会运用社会工程学进行攻击：通过对受害者心理弱点、本能反应、好奇心、信任、贪婪等信息陷阱进行诸如欺骗、伤害等危害手段，取得自身利益的手法。

2. 网络钓鱼（phishing）

网络钓鱼（Phishing，与钓鱼的英语 fishing 发音相近，又名钓鱼法或钓鱼式攻击）是通过大量发送声称来自于银行或其他知名机构的欺骗性垃圾邮件，意图引诱收信人给出敏感信息（如用户名、口令、账号 ID、ATM、PIN 码或信用卡详细信息）的一种攻击方式。网络钓鱼的几种常见形式：

（1）冒充网站广告，设下陷阱

网络钓鱼攻击者首先攻击一个合法的网站并植入木马程序，使网站可以自动弹出类似于广告的窗口，再利用主流浏览器JavaScript引擎中存在的一个漏洞，监测用户登录到某个网站或者打开了某个页面时，自动弹出窗口要求用户输入账号密码等信息。

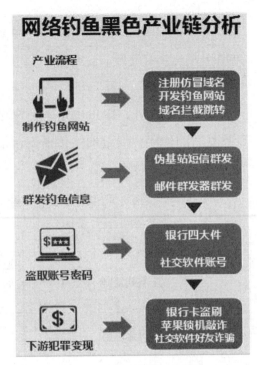

图6-3　网络钓鱼产业链

（2）假借网友身份，传播病毒

网络钓鱼攻击者通过攻击各种社交网站获取网络用户的基本信息、联系方式以及用户之间的关系，并假借他人的身份，向其朋友发送带有恶意软件或者含有指向带有恶意软件的网站链接的邮件，然后利用恶意软件监控用户并盗取用户的账号信息。

（3）利用用户弱口令破解用户账号和密码

不法分子利用部分用户贪图方便、在网上银行设置"弱口令"的漏洞，从网上搜寻到银行储蓄卡卡号，进而登录该银行网上银行网站，破解"弱口令"。

实际上，不法分子在实施网络诈骗的犯罪活动过程中，经常采取以上几种手法交织、配合进行。

3. 僵尸网络（Botnet）

僵尸网络（Botnet）是指采用一种或多种传播手段，将大量主机感染bot程序（僵尸程序）病毒，从而在控制者和被感染主机之间所形成的一个可一对多控制的网络。僵尸网络（Botnet）是通过入侵网络空间内若干非合作用户终端构建的、可被攻击者远程控制的通用计算平台。

图 6-4　僵尸网络

4. 分布式拒绝服务攻击（DDoS）

分布式拒绝服务攻击（DDoS, Distributed Denial of Service）是指借助于客户 / 服务器技术，将多个计算机联合起来作为攻击平台，对一个或多个目标发动 DDoS 攻击，从而成倍地提高拒绝服务攻击的威力。

简单来说就是来自全世界不同地方的流量，全部发往一个特定的地址。目的在于堵塞我们的带宽。一般遭到攻击都会表现为：网络异常缓慢（打开文件或访问网站）、网络连接异常断开、长时间尝试访问网站或任何互联网服务时被拒绝、服务器容易断线、卡顿。

链接：Mirai 僵尸网络

2016年10月21日,Mirai僵尸网络在美国断网事件中"一战成名"。位于美国新罕布什尔州曼彻斯特市的 Dyn 是美国主要域名服务器（DNS）供应商。DNS 是互联网运作的核心,主要职责就是将用户输入的内容翻译成计算机可以理解的 IP 地址,从而将用户引入正确的网站。一旦遭到攻击,用户就无法登录网站。黑客利用控制的僵尸网络发送合理的服务请求到服务器去占用尽可能多的服务资源,从而使正常使用网络的用户无法得到服务响应。

造成本次大规模网络瘫痪的原因是 dyninc. 的服务器遭到了 ddos 攻击。断网前数个月,Mirai 就已经在大规模扫描存在漏洞的物联网设备,构建遍布全球的僵尸网络。统计显示,Mirai 僵尸网络已累计感染超过200万台摄像机等 IoT 设备。

Mirai 僵尸网络攻击造成美国东海岸大面积断网事件之后,国内也出现了控制大量 IoT 设备的僵尸网络。360 网络安全研究院发布报告,率先披露了一个名为 http81 的新型 IoT 僵尸网络。监测数据显示,http81 僵尸网络在中国已经感染控制了超过5万台网络摄像头。如果按照每个活跃 IP 拥有10Mbps 上行带宽测算,http81 僵尸网络可能拥有高达500Gbps 的 DDoS 攻击能力,足以对国内互联网基础设施产生重大威胁。

5. 木马

木马（Trojan）,也称木马病毒,是指通过特定的程序（木马程序）来控制另一台计算机。与一般的病毒不同,它不会自我繁殖,也并不"刻意"地去感染其他文件,它通过将自身伪装吸引用户下载执行,向施种木马者提供打开被种主机的门户,使施种者可以任意毁坏、窃取被种者的文件，甚至远程操控被种主机。

链接："浮云"木马震惊全国

盗取网民钱财高达千万元的"浮云"成为了2012年度震惊全国的木马。"浮云木马"其实就是一款病毒软件，这种病毒通过后台在受害人使用网银转账过程中，秘密截取网银转账信息，在受害人不知情的情况下篡改转账金额，将受害人网银资金秘密转入到犯罪嫌疑人指定的游戏账户。该木马可以对20多家银行的网上交易系统实施盗窃，用户稍有不慎极有可能遭受重大钱财损失甚至隐私被窃。

图6-5　浮云木马

三、数据安全

指对数据的保护，保障信息数据依据授权使用，不被非法冒充、窃取、篡改、抵赖。主要涉及信息的机密性、真实性、完整性、不可否认性等。

数据安全方面的主要威胁包括：

1. 信息泄密

信息泄密是指重要信息在传递、存储、使用等过程中被窃取或泄露。

链接：思考与讨论

央视曝光个人信息泄露网上贩卖新闻。2017年2月中旬，央视曝光了一则关于个人信息泄露网上贩卖的新闻，掀起了广大市民对个人隐私被泄露的担忧，感觉到危机重重。据央视记者发现贩卖个人信息的黑市在网络上十分活跃，一些信息贩子甚至公然叫卖，只要提供一个人的手机号码，就能查到他最为私密的个人信息，包括身份户籍、婚姻关联、名下资产、手机通话记录等等，甚至信息贩子声称可以通过三网定位（移动、联通和电信的手机定位），可以实时定位这些手机用户的位置。

日常生活中你有没有经历信息泄密的事件？面对信息泄密，你有什么好方法？

密码技术是提供信息的加密和解密功能的数据安全技术，它能有效的保护信息的完整性和不可否认性。

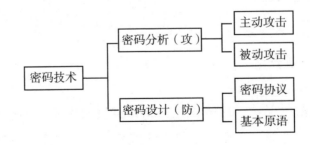

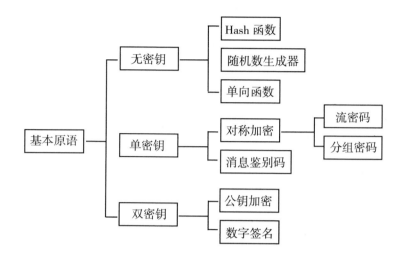

（1）凯撒密码（Caesar cipher）

凯撒密码是密码算法的一种，它将明文中的一个字母由其它字母、数字或符号替代。罗马时期凯撒正是通过这种方式传递重要信息，因此将这种密码算法命名为凯撒密码。

表 4　凯撒密码

明文	a	b	c	d	e	f	g	h	i	j	k	l	m	n	o	p	q	r	s	t	u	v	w	x	y	z
密文	d	e	f	g	h	i	j	k	l	m	n	o	p	q	r	s	t	u	v	w	x	y	z	a	b	c

注：表中第一行为明文，即需要被隐藏的字母，每个字母对应的密文即为隐藏后的字母。

例如：today 如果按照凯撒密码隐藏

t	→	w
o	→	r
d	→	g
a	→	d
y	→	b

于是 today 按照凯撒密码隐藏的结果就是 wrgdb。

练一练：

1. 明文 afternoon 通过凯撒密码隐藏的密文结果是什么？
（diwhuqrrq）

2. 密文为 qhwzrun 是通过凯撒密码隐藏得到的，请求出明文？
（network）

（2）单表代换密码（Caesar　cipher）

这种密码跟凯撒密码类似，只是代换表是26个字母任意置换，解密时需要对照置换表。

表5　单表代换密码

明文	a	b	c	d	e	f	g	h	i	j	k	l	m	n	o	p	q	r	s	t	u	v	w	x	y	z
密文	q	w	e	r	t	y	u	i	o	p	a	s	d	f	g	h	j	k	l	z	x	c	v	b	n	m

注：表中第一行为明文，即需要被隐藏的字母，每个字母对应的密文即为隐藏后的字母。

例如：today 如果按照单表代换密码隐藏

$$t \quad \rightarrow \quad z$$
$$o \quad \rightarrow \quad g$$
$$d \quad \rightarrow \quad r$$
$$a \quad \rightarrow \quad q$$
$$y \quad \rightarrow \quad n$$

于是 today 按照凯撒密码隐藏的结果就是 zgrqn。

练一练：

1. 明文 afternoon 通过上表代换后得到的密文结果是什么？
（qyztkfggf）

2. 密文为 ftzvgka 是通过上表代换后得到的，请求出明文？（network）

2.　信息伪造

（1）IP 欺骗

IP 地址欺骗是指黑客使用伪造的源 IP 地址，冒充其他 IP 系统或发件人的身份的攻击。

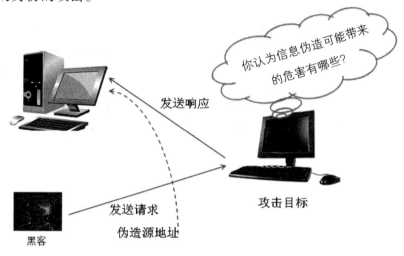

图 6-6　IP 欺骗

3.　信息篡改

信息篡改是指信息在传递、存储、使用等过程中被攻击者恶意更改。

链接：百度搜索新闻网页信息遭黑客篡改

2016 年 7 月，百度搜索新闻源站点遭遇空前严重的"被黑"，大量网站遭到黑客篡改，有不少网友发现通过百度新闻输入某些关键词搜索新闻时，结果会出现一些非法内容，例如办证广告等。百度称，不仅资讯类站点成为重灾区，许多原本安全防护工作较好的大型站点也被黑并注入垃圾页面。7 月 22 日百度搜索后台监控数据显示，短短 10 分钟便有 18 家站点的被黑页面达到其总体的 80% 以上，其中不乏高质量的新闻网站。为此，百度新闻源运营团队发起了清理被黑新闻源专项行动，捍卫搜索体验。

4. 信息抵赖

信息抵赖是一种用户行为。比如否认自己曾经发布过的某条消息、伪造一份对方来信等。

在现代社会的运行和发展中，电子票据已成为一个重要而不可缺少的要素，但由于电子票据的业务流程在互联网络中运行，因此在业务系统的许多环节，都存在着很大的风险和隐患。针对电子票据应用中面临的安全问题，以防抵赖为目的，运用了身份认证、签名等安全机制，可以有效地解决问题。

权限管理：电子票据系统操作需进行严格的权限控制。系统提供基于数字证书的权限管理，通过验证数字证书，确定用户身份，实现对用户权限的可靠分配。

安全审计：通过系统的审计模块可以记录每个用户的重要操作，拥有权限的人员可以查看审计日志记录。并对用户的网络行为、各种操作进行实时的监控，对各种行为进行分类管理，规定行为的范围和期限。

四、内容安全

内容安全是指对信息内容在网络内流动中的选择性阻断，以保证信息流动的可控性和信息价值观的正确性。主要涉及信息的机密性、真实性、可控性、可用性等。

1. 合法内容的保护

合法内容的威胁包括对合法内容的非法复制和内容的伪造。

链接：历史上第一幅造假照片

历史上第一幅造假照片出现在 1860 年。这幅林肯的照片实际上是在参议员约翰·卡尔霍恩的身体上安了林肯的头。

图 6-7　第一幅造假照片

数字内容保护技术经历了基于密码学的数字内容安全技术，基于信息隐藏与数字水印的数字内容安全技术，基于数字取证的数字内容安全技术三个发展阶段。

（1）信息隐藏

信息隐藏是将秘密消息隐藏在其他消息中，从而隐藏秘密信息。

它是继加密技术之后，保护数字内容的又一强有力的工具。发送者可以将秘密信息隐藏在公开的载体中，如报纸、图片、音乐、电影中。

（2）卡登格子法

发送者和接收者各持一张完全相同、带有小孔的纸，孔的位置随机选定。孔纸覆盖信纸，发送者将密码信息写在小孔处，移走信纸，信纸上编写成普通文章。接收者将孔纸覆盖在普通文字上就可读出小孔中的密码信息。

王先生：

来信收到，你的盛情真是难以报答，我已在昨天抵达广州，秋雨连绵，每天需备伞一把方能上街，苦矣，大约本月中旬我才能返回，届时再见。

图6-8　卡登格子法

（3）藏头诗

我闻西方大士，

为人了却凡心。

秋来明月照蓬门，

香满禅房出径。

屈指灵山会后，

居然紫竹成林。

童男童女拜观音，

仆仆何嫌荣顿。

秘密信息：我为秋香屈居童仆

2. 非法内容的监管

在对合法信息进行有效的内容保护同时，针对大量的非法内容的媒体信息（特别是网络媒体信息）的内容监管也是十分必要。

（1）法律保障

《中华人民共和国网络安全法》2016年11月7日发布，自2017年6月1日起施行。作为我国网络安全治理领域的基础性立法，《网络安全法》尤其注重在技术要素、组织管理以及在线内容等诸多层面全方位构筑网络空间的规范设计体系。该法律的施行必将对网络非法内容进行严格监管，也必将极大地促进信息社会的法治文明建设。

（2）技术手段

网站数据获取技术：通过访问网站采集网站中的各种数据

内容分析技术：对采集到的网站数据进行整理分析，判断其危害性。

控管技术：对违法的网站实施有效的控制管理，降低其危害性。

多种技术手段也将对非法内容的监管起到一定作用。

链接：青少年网络安全科普网

"国家青少年网络安全教育工程" http://safe.k618.cn/ 是中国唯一官方认证的、中小学网络安全教育的国家级工程。

在共青团中央、中国少年先锋队全国工作委员会指导下，由团中央网络影视中心、360公司承办的校园安全教育公益项目，由中青奇未独家运营，通过校内、校外、课上、课下等多种形式向青少年传递网络安全知识与技能，全面提升青少年网民的网络安全素养。

第七章　阳光用网

随着我国互联网和智能手机普及率的逐年提高，网络正以我们无法控制的速度、力度、深度和广度渗透到我们每个人的生活、学习、工作、娱乐、消费过程中，现代网络技术的快速发展一方面给社会经济、科技的发展以及未成年人的成长带来积极影响，但是也带来了不少社会问题和负面影响。

一、防范网络沉迷

1. 什么是网络沉迷

互联网已经成为当前青少年重要的信息获取途径、人际交往桥梁和休闲娱乐平台。由于未成年人自我控制能力较弱，面对形形色色的网络世界的诱惑时常常难以控制自己，在进行网络游戏、观看网络视频、开展网络交友、实现网络购物等常常无法有效地控制自己的上网行为（时间、频率）以至于达到痴迷的程度。随着4G技术的发展，手机几乎变成了中国青少年第一上网工具。上网的时空和设备变得更加便捷。

从上个世纪90年代开始，网络沉迷现象就引起了心理学家、精神病医生、教育学家、社会学家、脑科学研究者等专家学者的关注。不同领域的研究者从各自研究视角出发对网络沉迷也有不同的称号，如网络成瘾综合征（Internet Addiction Disorder，简称IAD）、网络依赖、病理性网络使用、网络沉溺、上网成瘾，等等。那么，到底什么样的上网行为是网络沉迷呢？

图 7-1 手机与生活

中国学校安全教育平台将网络沉迷现象界定为网络综合症（Net Synthesis）也称"互联网痴癖症"，并定义为："网络综合症是人们由于沉迷于网络而引发的各种生理、心理障碍的总称。这是新近出现的疾病之一，目前各国正开展对它的研究。""网络综合症"的表现是：无节制地上网、不上网时情绪低落、不愉快无兴趣；生物钟紊乱、食欲下降、思维迟缓；不愿与人交往等。

同学们，你身边有沉迷网络的同学、朋友吗？他们对网络痴迷到什么程度？怎么样才能判定自己是否沉迷网络呢？

2. 网络沉迷的判断

那么，我们应如何判断一个人有没有沉迷网络呢？网络沉迷的判断标准是怎样的呢？事实上对于网络沉迷国内外并没有一个统一或唯一的判断标准，我们一起来看看几种代表性的判断标准。

（1）美国心理学家金伯利·S.杨对网络沉迷的判断标准

1994年11月美国匹兹堡大学教授、心理学家金伯利·S.扬（DR. KIMBERLY　S.YOUNG）博士在网络沉迷测试量表中提出了8个问题来判断是否网络沉迷[①]：

表6　网络沉迷测试量表

请对以下问题分别做"是或否"的回答：回答"是"得1分，	
表现	得分
你是否觉得脑子里想的全是上网的事情 （也就是说想着先前的上网活动或者期待下一次上网时间的到来）？	
（2）你是否感到需要不断增加上网时间才能得到满足？	
（3）你是否曾多次努力试图控制、减少或者停止上网，但并没有成功？	
（4）当减少或停止上网时，你是否会感到烦躁不安、无所适从、心神不安、郁闷、失落或易怒？	
（5）你每次上网实际所花的时间是否都比计划的时间要长？	
（6）你是否因为上网而损害了重要的人际关系、影响了自己的学业成绩？	
（7）你是否曾向家人、朋友或他人掩饰及隐瞒自己对网络的着迷程度？	
（8）你是否把上网作为一种逃避问题或排遣不良情绪（如无助感、内疚、焦虑、沮丧）的方法？	

分析：此量表为测量网络成瘾整体情况的问卷，得分5分以上（包括5分）者就存在网络成瘾沉迷的倾向。其中：

---

① ［美］金伯利·杨：《网络心魔：网络沉迷的症状与康复策略》，毛英明，毛巧明译，译文出版社2005年版。

(1)-(5)题涉及耐受性、戒断反应、戒断失败等成瘾症状分析；

(6)-(7)题涉及网络带来的对现实生活、学习、工作现实的影响或与现实的矛盾冲突；

（8）题涉及网络带来的情绪改变功能。

同学们可以对照以上题目进行自测一下，看看自己是否患上了"网瘾综合症"。

（2）中国青少年网络协会对网络沉迷（网络成瘾）的判断标准

中国青少年网络协会参考国内外关于网络沉迷的相关标准，组织专家在全国范围内进行了青少年网络沉迷的调查并于2012年发布了《2011年中国网络青少年网瘾调查数据报告》，该《报告》将评判网络沉迷的标准分为必要条件和补充条件，必要条件为：上网给青少年的学习、工作或现实中的人际交往带来不良影响；补充条件为：（1）总是想着去上网；（2）每当互联网的线路被掐断或由于其他原因不能上网时会感到烦躁不安、情绪低落或无所适从；（3）觉得在网上比在现实生活中更快乐或更能实现自我。报告还显示，当前网瘾青少年上网的主要目的是打游戏。

世界卫生组织（WHO）在今年初宣布，该组织将在今年发布的第11版《国际疾病分类》（ICD-11）中，加入"游戏成瘾"（gaming disorder），并列为精神疾病。WHO表示，游戏成瘾的症状包括：

1. 无法控制地打电玩（频率、强度、打电玩的长度都要纳入考量）；

2. 越来越经常将电玩置于其他生活兴趣之前，即使有负面后果也持续或增加打电玩时间。

如果以上行为持续12个月以上，或者非常严重但少于12个月，你就会被医生确诊游戏成瘾！

尽管国内外对网络沉迷的判断标准各不相同，但是形形色色的网络沉迷筛查工具或标准基本都包含了上网时间的长短、使用网络的失控状态以及因过度使用网络导致的社会功能受损情况。那么，每天上网多长时间算是网络沉迷呢？其实时间的长短并不是准确衡量和评判是否沉迷网络的标准，主要应该以上网行为是否对青少年本人的学习、生活、社会交往、家庭关系、身心健康等方面产生了显而易见的不良后果来衡量。

3. 网络沉迷的危害

根据中国互联网信息中心（CNNIC）统计数据显示，中国青少年网络游戏用户规模大致呈逐年增长趋势，其中2015年增加1274万，截至2015年12月，中国青少年网络游戏用户规模已达1.91亿，占青少年网民的66.5%，较网络游戏在全部网民中的使用率高9.6%。可见，玩网络游戏已成为部分青少年沉迷于网络的主要行为和目的。那么，长时间地沉迷于网络游戏（包括手机游戏）、网络视频、网络聊天、网络直播等网络娱乐及虚拟世界会给我们身心健康及人生发展带来怎样的伤害呢？

图 7-2　网络沉迷

（1）长时间沉迷网络世界，将伤害我们的大脑及肌体健康

只要打开智能手机，各种群里的碎片化信息像一个个卡片一样随时砸过来；截止2018年3月，短视频的渗透率已达到42.1%，短视频平台已成为年轻人尤其是青少年用户的新宠；还有像"小游戏"这类碎片化的媒介产品以及被称为现象级手机游戏的《王者荣耀》等游戏产品都会让缺乏上网自控能力的青少年沉迷其中。

我们的大脑中存在"奖赏回路"，它能提供"刺激—成瘾"这一过程。由于上网时间长，大脑神经中枢持续处于高度兴奋状态，尤其是当实现了游戏目标并在游戏中升级时，负责传达快乐信息的多巴胺分泌会高于平常水平，会引起肾上腺激素水平异常增高，交感神经过度兴奋，作为奖励，就给我们带来了快感和将游戏继续玩下去的欲望。如果经常性地多巴胺分泌异常则容易引发血压升高、脑出血、植物神经功能紊乱等机体不良反应。

图 7-3　青少年网络依赖

链接：沉迷网游导致生理和心理双重疾病

　　2007年河南省许昌市一位13岁的初中少年小华（化名）迷上网络游戏，经常逃课去网吧打游戏。14岁时，小华干脆辍学，开始了以网吧为家的游戏生活。一年以后他告诉父母找到一份在网吧替别人打游戏的工作，从此便和家人失去联系。直到2015年的一天，小华的父亲在家门口的大街上见到仰面倒在地上的儿子，此时小华已经患上了严重的肺结核，结核菌已经吞噬了他大部分的肺。同时他还伴有胸腔积水、上消化道出血。医生指出，网吧人员密集空间密封，空气污浊不流通，易感染结核病菌。经过抢救和治疗，小华逐渐苏醒过来，面对常住网吧沉迷网游的岁月悔恨交加追悔莫及。

　　除了对大脑的伤害，沉迷网络还会造成视力减弱、颈椎疼痛、腱鞘炎、肥胖症、鼠标手、腰椎变形等肌体功能上的伤害。

　　世界卫生组织通过大量的实证研究表明，电磁辐射有可能诱导细胞产生变异，从而导致神经系统、内分泌系统、免疫系统的失调及各功能器官的损害。眼睛长时间注视电脑屏幕，视网膜上感光物质视红紫质消耗过多，会导致视力下降、近视、眼睛疼痛、怕光、暗适应能力降低等眼疾。网络成瘾者使用电脑时，使眨眼频率降到每十几秒甚至二十几秒一次，而正常人每五六秒一次。调查结果显示，经常使用电脑的人，31.2%的患有"干眼症"，近90%的会出现眼睛疲劳、发胀、酸疼等现象，75%的人会出现视物模糊。初中阶段正是青少年生长发育的旺盛期，长时间面对电脑或手机屏幕会损害各种人体正常机能，导致身体素质下降神经系统失调。

链接：长期沉迷于电脑游戏可能导致疾病

颈椎病：长时间一个姿势对着电脑，使颈部肌肉一直处于强直状态，血液循环不畅，从而导致颈部疾病。颈椎病发生后，就会影响大脑供血，出现头晕等症状；

干眼病：长时间盯着电脑屏幕，可使视网膜上的感光物质视红紫质消耗过多，若不能及时补充其合成物质维生素A和相关蛋白质，会导致视力下降、眼痛、怕光、流泪、暗适应能力降低等，这就是我们俗称的"干眼病"；

腕管挤压综合征：玩游戏的过程中手的使用非常频繁，长期如此会引发"腕管挤压综合征"。腕管是腕掌部的一个较大的管道，由骨和韧带组成。正常的腕管被肌腱和神经所占满，很少有空隙，任何原因的挤压，都会刺激肌腱和神经，出现手腕、拇指、食指及中指的麻木和疼痛。对于经常接触电脑尤其是经常使用键盘操作的青少年来说，久而久之，就有可能形成"腕管挤压综合征"；

脑损伤：电脑发出的电磁波长时期辐射青少年的大脑，会对大脑发育产生极坏的影响。在网吧里上网时，多台电脑还会有积累效应，长时间在网吧上网，积累的辐射可能导致严重的脑损伤，导致头疼、失眠、厌食以及情绪低落等症状。

（2）长时间沉迷网络世界，将影响我们的学习能力和行为性格

任何事物都具有两面性，互联网是20世纪人类最伟大的发明。网络世界一方面能给我们带来广博的知识、新奇的技术、海量的信息和丰富的体验等，另一方面互联网也是一把双刃剑，它在给这个世界带来超时空的数字化光环的同时，也夹带有污泥浊水与沉渣。网络世界中同时还充满了色情、暴力、虚假、欺诈等信息，与对药物的生理性

依赖所不同的是，网络沉迷是通过长时间人机互动而引发的科技性沉迷。

缺乏自控能力的青少年一旦沉溺于虚拟的网络世界中，其善于求知的心智和原本善良的情感很容易被网络虚拟世界所吞噬。网络搞笑视频的幽默诙谐、网络游戏中的冒险刺激、网络交友中的随意轻松、网络不健康信息内容中的诱惑等，都会使青少年对网络的使用产生强烈的依赖心理，而对自己的主体现实生活——学习却失去兴趣，导致刻苦学习的意志毅力逐渐消磨、主动学习的自觉性自控力下降。

链接：直播，不是什么都能直接播

不知何时，直播业变得特别火。刚开始听到"主播"这个词，我还以为是电视台的节目主持人，后来才知道原来这个词特指直播平台的"主播"。很多热钱开始流入直播行业，很多新的直播平台开始出现，有的社交平台也开始转型做直播，比如陌陌。但是，直播行业中的话题、语言、着装低俗化的问题也被一再提起。"快手"未成年妈妈事件让直播行业的这一长期存在的问题再一次赤裸裸展现在人们眼前，刺激着人们的神经，挑战着社会的道德底线。

中国社科院青少年与社会问题室副主任田丰认为，如果青少年一开始选择了不好的视频，网站按照这种逻辑继续推送这类视频，会给青少年造成"不正常的违规的行为反而很正常"的负面印象，为青少年价值观的塑造带来极其恶劣的影响。

近两年来，音乐短视频软件在中小学生和大学生中逐渐流行，青少年们紧盯手机屏幕上轮番转换的视频常常一看就是几个小时，时间看似短暂，但当人们沉迷其中时，感觉不到任何时间的流逝，实际上，

这些内容也不会在脑海中留存。这种"唾手可得"的高刺激，让青少年们失去自制力、专注力和思考力，无法长时间集中精神于相对较为枯燥的学业，缺乏对某个问题的深入持久的了解和思考，"专注"地去做事情。

同样，长期沉迷于网络游戏，不仅会影响青少年群体正常的学业和生活秩序，甚至会影响健康性格的形成和人际交往的发展，产生人格障碍。在生活当中，玩游戏已经非常普遍，拿着手机打手游的场景处处可见。尽管为了防止青少年过度沉迷，游戏开发商推出限制年龄、限制时间、限制消费额度等措施，但仍然无法控制青少年的"游戏瘾"。

图 7-4　网络游戏中的虚拟与现实

4. 构筑网络沉迷的"防护栏"

中国预防青少年犯罪研究会课题组曾经对18个省、2010年对10个省的未成年犯管教所共计3018名未成年犯的抽样调查表明，很多孩子确实受网络不良影响比较大。调查组问这些孩子自己觉得犯罪和网络有没有关系，他们写下了上网聊天不良交往、网络游戏沉迷、抢劫上网费用等因素。在和200多名未成年犯访谈过程中，大部分人也确实认为其犯罪和网络的不良影响是有关系的。这些青少年里，侵犯财产类犯罪如抢劫的占到60%以上，其中有很多都是因为上网没钱，也有一部分原因是网络游戏中的暴力影响了他们。一些青少年为了上网玩游戏而逃学，还有的青少年为了买游戏点卡而偷盗、抢劫、勒索，甚至有一个少年因为其祖母不给零用钱买游戏点卡而残忍地将祖母杀害。为了玩网络游戏而逃学、对抗父母，这些事例说明对沉迷网络游戏的青少年来说，其对游戏世界的依赖已经超过了其对现实世界中对父母、学校的依恋。

引导青少年合理、科学、安全、健康的使用网络是个系统工程，需要政府、学校、家庭、企业、社会组织以及青少年个体共同搭建"防迷网"的保护栏。

（1）家庭层面，承担主要监护责任

家长不应过分强调网络的消极方面，应该允许孩子合理上网，适度的网络游戏有助于孩子的成长和减压，适度的健康益智游戏对青少年的身心健康发展是有利的。

家长需要把握好度，要监督孩子上网的内容和严格控制上网时间。对网络沉迷的孩子，家长千万不要歧视，不要轻易地给孩子贴上"网瘾综合症"标签以免引发孩子的叛逆心理，不要让孩子感到自己是一个坏孩子和问题少年，应当与孩子进行心灵的交流，从家庭教育方面寻找根源去解决问题。

图 7-5　手机中的家长

图 7-6　父母是最好的老师

中学生沉迷网络的原因之一就是在真实生活中受到压制，而寻求在网络虚拟环境中的放纵。处于叛逆期的中学生如果承受了过多的压力和强制性措施，会增强其反叛情绪，并不利于减轻学生网络沉迷的情况。更重要的是，家长应该作为孩子的表率，从而给孩子一个良好的环境。家长也要努力学习互联网技术，跨越与孩子之间的"数字鸿沟"，为孩子提供有效的技术指导和合理监管。

链接：致全国中小学生家长的一封信

诸位家长：

互联网络既兴，移动终端正盛；信息交互通达宇内，图文视听精彩纷呈；有助沟通便捷，能广世人见闻，可增少儿学识，更促社会繁荣。然成瘾游戏、邪恶动漫、低俗小说、网络赌博，附生蔓延，危害孩子健康，亟须大力防范。是以倡导全体家长，恪尽父母责任，力行"五要"，与学校共筑防范之堤。

一要善引导，重监督。家长须强化监护职责，养良善之德，树自卫之识，戒网络之瘾，辨不良之讯。

二要重表率，立榜样。家长须重视网瘾危害，懂预防之策，远网游之害，读有益之书，表示范之率。

三要常陪伴，增亲情。家长须营造和美家庭，增亲子之情，理假日之乐，广健康之趣，育博雅之操。

四要导心理，促健康。家长须关注子女情绪，调其心理，坚其意志，勇于面对挫折，正确利用网络。

五要多配合，常沟通。家长须主动配合学校，常通报情况，多交换信息，早发现苗头，防患于未然。

防孩子沉迷网络，须各方尽心尽责。为易记忆、广传播，特附"防迷网"三字文：

互联网，信息广，助学习，促成长。

迷网络，害健康，五个要，记心上。

要指引，履职责，教有方，辨不良。

要身教，行文明，做表率，涵素养。

要陪伴，融亲情，广爱好，重日常。

要疏导，察心理，舒情绪，育心康。

要协同，联家校，勤沟通，强预防。

教育部基础教育司

2018年4月

（2）学校层面，承担相关教育义务

初中生的个性心理特征包括对新事物的好奇心理、与同学交流保持一致的从众心理、繁重的学业压力的宣泄心理、遇到挫折之后的逃避心理以及内心深处对成功的渴求心理，等等，使得初中生很容易在好奇心和从众心理的引导下或者逃避现实的心理作用下等各种原因进入网络这个虚拟世界。调查显示，不少初中生在网上的感觉比在现实生活中快乐。学校教育要围绕青春期学生的特点开展健康教育、网络素养教育，心理教育，组织丰富多彩、形式多元的主题活动、班级活动，活跃青少年的课余生活减轻学业带来的精神压力。不少青少年认为："我不会玩游戏就会被边缘化，会被同学们嘲笑。"因此，同辈群体之间正确交往沟通方式的培养也是学校教育的责任所在。

图 7-7   同辈群体正确交往

学校应因材施教个性化地、科学地制定网络素养教育计划，不仅需要传播全新、正确的信息观念，教授各种新媒介技术，而且可以积极尝试改变传统的"老师教、学生听"的教育模式，实现群体互动型教学模式引导青少年对有关网络媒介素养的知识进行深度的思考。

网络游戏中"即时满足感"是现实世界中所得不到的，网络游戏的强大魅力和与现实世界的巨大反差使得一批青少年对网络游戏世界的依赖性越来越强。因此，在思想品德教育方面开展健康人格教育，培养学生具备自觉、自主、责任、合作、爱国、慎独、乐群等健全人格所具有的核心要素，帮助学生获得抵制网络不良影响的重要资本。另一方面，学校应开设网络素养的相关课程对青少年的上网注意力管理、网络信息搜索与利用、网络有害行为的辨识能力、网络使用过程中的自我保护意识等等进行系统教育培养，构建青少年网络素养教育的生态系统。

网络并不是"潘多拉的盒子"，只要发挥网络的正向功能，能使中学生们主动、快乐地参与到网络学习中去，而不再是陷入网络沉迷的时代病中。

（3）社会方面，提供专业心理帮扶

中学生在网络世界中所面临的陷阱和挑战比之现实社会有过之而无不及，帮助中学生群体防止过度使用及沉迷于网络需要全社会的携手支持。

图 7-8　沉迷网络

社会组织以专业和公益的角度与社区、学校、政府机构开展合作，加强对青少年网络心理障碍的矫正，重构网络孤独和网络角色自我认同混乱的学生对社会的认知，引导网络迷恋青少年客观全面地评价网络技术、网络人际交往、网上娱乐，正视自己的心理问题，转变他们对网络崇拜和痴迷的错误认知。同时，专业社工师深入社区和家庭对网瘾青少年的监护人进行认知辅导，帮助父母等监护人配合青少年的认知行为结构方案，培育新的家庭矛盾处理冲突的行为，实现亲子间有效的沟通，更好地降低其网络成瘾倾向。

链接：防范青少年网络沉迷需要全社会携手支持

中国青年网北京5月15日电　近日，来自常州市15个困境家庭的中小学生在十多位心理咨询师和社工师的陪同下，来到河海大学，参加"安全E起来，争做好网民，网络素养伴我行"公益活动，聆听了国家社科基金重大项目"面向国家公共安全的互联网信息行为治理"课题组（以下称"课题组"）的专家们关于提升网络素养的系列讲座。

图7-9 "安全E起来，争做好网民，网络素养伴我行"公益活动

　　该活动由河海大学与常州市天问职业培训学校共同主办。15位中小学生和志愿者们一起聆听了课题组专家们关于网络素养的公益讲座，参与了有关网络素养的调查。

　　上海对外经贸大学人工智能和变革研究院院长、课题组首席专家、博士生导师齐佳音教授为孩子们开展了主题讲座《大数据时代如何提升网络安全意识》；课题组专家、河海大学信息管理系邓建高副教授作了《网络正能量：互联网技术给青少年带来的机会》主题讲座；课题组专家、河海大学史宏平博士的讲座《网络暴力可怕吗》从法律的角度告诉孩子们遇到网络暴力时应该如何保护自己；课题组多位专家从不同角度进行讲解，帮助困境家庭未成年人提升了对网络诱惑的免疫力以及网络安全意识和依法用网能力，引导他们学会如何理性上网、安全触网、阳光用网。

　　据了解，河海大学心火爱心社志愿者们还与15位中小学生一对一交朋友，带领他们参观了大学校园，并鼓励他们努力学习、克服困境、实现大学梦。

　　（4）个体方面，提升自身网络素养

　　有位作家曾经说过，网络虚拟世界让你从中获得既真实又虚妄的快乐，侵蚀你的生命，剥夺你对生命和现实世界的真实体验，让你关注它胜过关注人类的生命和灵魂。作为青少年个人，应当正确理解网络世界的两面性，提升对网络功能的认识，培养自控力，自觉抵制诱惑，养成良好的网络生活习惯。

　　网络游戏带来的是令人心醉的视听体验，而青少年心智不成熟，对网络游戏缺乏足够的抵抗力，这是青少年沉迷于网络游戏的主要原因之一。青少年自身在学校应多参与集体活动和课外活动，寻找网络以外的新的兴趣点，扩大自己在现实中的交往面，增加与家人朋友的互动频率，转移自己对网络的注意力，重视对自身创造力、自我决断力、交往能力、视野拓展、动手能力、语言能力等方面的素养发展进而降低自身对网络的依赖度。如果一旦发现自身出现学习压力大、受挫、失败、沮丧等产生各种心理困惑，青少年应当主动向老师、父母和专业的心理咨询师寻求帮助，以降低发生心理障碍的风险及预防沉迷网络。

图 7-10　手机与隔离

青少年时期，还是人格塑造的关键时期。青少年应当关注完整、和谐人格的养成，培养心理自主性、行为自律性和主体发展性，不断塑造与完善自身人格特征，完整的人格对预防和缓解网络沉迷行为有着积极意义。

此外，合理适当安排自己的休闲生活也至关重要，研究发现，美国青少年玩网络游戏的六大动机是：兴奋唤起、挑战、竞争、转移注意力、幻想和社会互动。而中国青少年对网络游戏有八种需要：放松、消磨时间、伙伴寻求、摆脱生活压力、摆脱孤独、忘记烦恼、兴奋刺激和娱乐。由此，培养积极阳光的业余爱好、多开展户外活动、与家人多沟通交流有助于减少网络沉迷的可能性。

图 7-11 网络以外的兴趣点

链接：网络时代也别放弃慢阅读 ①

　　网络时代，知识爆炸，现在书之繁富远甚于前，更是尽人之精力所不能尽取。一则人们抱怨没有时间读书，二则又抱怨读了书"撂爪就忘"。于是，搜索式阅读、跳跃式阅读、标题式阅读、碎片化阅读成为很多人的选择，更有人读书后将书摘出其大意来供没有时间读书的人获取信息。如此功利性的浅阅读固然难得精髓，但也聊胜于无。

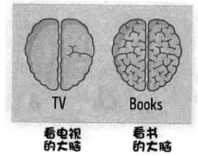

图 7-12　看书的大脑与看电视的大脑

　　伟大的书，往往需要艰涩地读。读书，于个人成长也是一种修炼。古今中外的读书人都有这样的体会：心态平静才能读得懂书、读得进书，才能在阅读中潜移默化提升个人的素养。习近平总书记曾在《之江新语》中写道，对学习的追求是无止境的，既需苦学，还应善读。一方面，读书要用"巧力"，读得巧，读得实，读得深，懂得取舍，注重思考，不做书呆子，不让有害信息填充我们的头脑；另一方面，也不能把读书看得太容易，不求甚解，囫囵吞枣，抓不住实质，把握不住精髓。这成为网络时代读书的一个重要方法。

---

　　① 张焱：《网络时代也别放弃慢阅读》，载《光明日报》，2018年4月24日。

二、网络欺凌

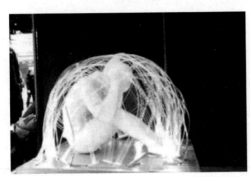

图 7-13 "网络茧儿"

第四届世界互联网大会"互联网之光"博览会展示的寓意为"遏制网络欺凌"的儿童，她双手抱头坐在地上，周围一些来自同学、网络的辱骂的语言包裹着她，一副被欺凌的痛苦状态。

1. 什么是网络欺凌

下面的哪些行为属于网络欺凌？

情绪失控（向网上的群体或个人发送令人生气的粗俗信息）

网络骚扰（通过电子邮件或其他短信方式持续性地骚扰他人）

网络盯梢（通过网络发送伤害性的、威胁性的或过分暧昧的言语）

网络诋毁（发送针对某人的有害的、不真实的或残酷的陈述或将这些资料上传到网上）

网络伪装身份（假装他人的身份在网上发布信息，损害该人的形象）

披露隐私（在网上发布有关个人的敏感、私密或令人尴尬的信息）

在线孤立（将某人排除在某一个聊天室或虚拟社区之外使之孤立）

以上行为全部都是网络欺凌行为！

网络欺凌是欺凌行为的一种表现形式，只要涉及

（1）造成故意伤害的意图；

（2）恶意行为重复出现、反复实施；

（3）欺凌者和受害者之间力量不均衡；

（4）受害者因欺凌受到生理或心理的伤害的行为，都属于网络欺凌行为[①]。

2. 网络欺凌行为的特点和危害

网络欺凌具有三个特点，因此它的危害特别大。

一是传播速度快，影响范围广，短时间内会给受害者形成巨大的压力。在网络里，受害者几乎是全天候的暴露在欺凌中，每时每刻，来自四面八方的欺凌者都可能在网上跟帖、发信息、评论以欺负统欺凌。同时，受害者在网上被欺负时，往往有成千上万的人围观，当欺凌的"观众"越多时，受害者所遭受到的身心压力会越大。

图 7-14　拒绝网络欺凌

---

① 孙时进、邓士昌：《青少年的网络欺凌：成因、危害及防治对策》，载《现代传播——中国传媒大学学报》，2014年第2期。

　　二是隐蔽性强，施暴者可以匿名登录，轻易地对他人实施欺负行为。匿名时的青少年往往会更加愿意说出或做出平时不愿意表露出来的言语和行为，所以相对于传统欺凌，青少年间的网络欺凌出现得更加频繁，内容也更加极端。同时，在传统的青少年欺凌中，如果欺凌者观察到欺凌目的已经达成，受害者已经吃到苦头，那欺凌者一般会停止欺凌。但在网络欺凌中，由于欺凌的双方都是匿名的，因此欺凌者通常无法知道自己欺凌别人的程度，所以，青少年间网络欺凌的持续时间和影响深度要大于传统欺凌。

　　三是虚拟环境更危险，虚拟环境下，施暴者不容易被发现，受害者也不会主动向父母、教师等诉说受欺负的事实。同时，在网络中，欺凌者无法直接面对面地察觉到受害者的行为反应，所以相对于传统欺凌，青少年在网络欺凌中的理智、同情和点到为止会更少，相反，他们表现出更多的冷血、暴躁和胡搅蛮缠，因此在网络欺凌中，青少年的激烈性更高。

图 7-15　网络暴力

3. 对于网络欺凌行为，我们应该怎么办？

○ 不使用语言攻击他人。如通过短信、微信，或在论坛、聊天室、微博、贴吧、QQ群、微信群等公开威胁、侮辱、诽谤他人。

○ 不曝光他人隐私。如传播或公开可能令他人受到威胁、伤害、侮辱或尴尬的文字、照片、图像、视频或音频等。

○ 不制造与传播虚假信息。如通过拼接图片，或加上侮辱、诽谤性文字，散播谣言，发布不实信息。

○ 随意上传个人信息。注意保护私人信息，谨慎将个人或家庭资料上传网络。

○ 不以暴制暴应对网络欺凌。理性应对网络不良行为，在遭遇网络攻击或网络欺凌时，保持冷静与自信。

○ 及时寻求他人援助。遭遇网络欺凌行为，要及时告知老师或家长，也可咨询求助青少年援助热线12355[①]。

三、网络欺诈

1. 网络欺诈有哪些类型？

网上并不安全。要预防网络欺诈，我们首先要知道网络欺诈的类型有哪些[②]。

○ 网络中奖诈骗。通过网络推送虚假中奖信息，引诱大家点击诈骗网站。当你汇了第一笔款后，骗子会要求消费者再汇风险金、押金

---

① 上海市教育委员会:《预防中小学生网络欺凌指南30条》，上海市教育委员会，2017年版。

② 卓刚、焦国林:《网络诈骗的分类剖析及打击防范机制探索》，见中国计算机安全专业委员会组编:《第30次全国计算机安全学术交流会论文集》，中国科学技术大学出版社2015年版。

或税款等之类的费用，迫于第一笔款已汇，一般大家只好抱着侥幸心理继续再汇，承受了更大损失。

○ 网络购物诈骗。诱骗大家登录虚假购物网站，虚假网站上的商品丰富，而且价格都低得出奇。这些虚假购物网站看上去都相当"正规"，但通常只能通过银行汇款的方式购买，订货方法一律采用先付款后发货的方式，当你汇款之后，钱财也就进了骗子口袋。

○ 冒充好友诈骗。骗子要么与你正常聊天，截取你的视频录像，要么盗取你的密码，冒充你与好友聊天。在聊天过程中，骗子以急需用钱为由向你的好友借钱，诈骗钱财。

○ 网络退款诈骗。骗子窃取用户或卖家的账号信息，掌握用户的交易和聊天记录。然后通过电话、聊天工具等方式，与刚刚完成网购的用户进行联系，谎称其刚刚购买的商品出现交易异常，并在"指导"用户进行交易处理时，诱骗用户进入诈骗网站。

○ 虚假兼职诈骗。骗子以工作时间自由、回报率高为诱饵，通过网络发布虚假兼职广告，然后要求兼职者先交保证金后再上岗，从而骗取兼职者上交的保证金。

链接：冒充快递员加微信诈骗

不久前，邵女士报案称其接到冒充某快递公司工作人员的电话，对方告知其快递丢失，打算提供全额理赔，但要求邵女士添加微信。随后，邵女士按对方要求在网上银行进行贷款，并通过扫描对方提供的二维码付款了一万余元。

手法：发送钓鱼链接诈骗

深圳 CID 民警向记者解析了此类案件的作案手法。被骗者微信收到加好友的请求，对方身份显示为"XX 快递"，申请好友验证的理由是"您的快递到了，但电话打不通"。

加上好友后，对方会询问快件是否送达，送货员是否打过电话，并告诉被骗者"你有个快递已丢失"。紧接着被骗者会接到一个自称是快递总公司的电话，并告诉被骗者快递丢了可以双倍赔偿。

这时到了关键环节：骗子会发送一个二维码给被骗者，并让其按照自己说的方法进行一连串操作。被骗者扫码后，手机页面会跳转到一个与支付宝十分相似的登录页面，上面需要填写支付宝账号、银行卡号和密码，等这些步骤完后，被骗者卡上的钱立刻被转走。

倘若还在等快递的你遇到此种情况，请一定要警惕起来！

2. 为什么会上网络欺诈的当?

在网络上，骗子之所以会得逞，基于的就是人们的这些心理：

○ 贪婪。许多骗子会抛出一些小利益当成诱饵，如果你爱贪些小便宜，就有可能受骗。

○ 侥幸。也许你已经察觉情况可疑，但人们总会觉得这种事"自己不会遇到"，大家都有"万一是真的呢"的想法。

○ 轻信：在网络上，不要轻易相信陌生人。往往警惕性较差的人，对于骗子的伪装不能理智地做出分析，往往信以为真。

○ 缺乏主见。如果没有自己的主见，别人这么一说就觉得这样有理，那么一说就觉得那样也对。这种情况最容易被骗子利用。

3. 怎样预防网络欺诈?

记住"四不"[①]:

○ 不轻信任何转账要求,遇到别人要你转账,要告诉老师和父母;

○ 不向别人透露自己的网络账号密码,不透露自己手机的短信验证码;

○ 不随意点击链接,特别是聊天中发来的链接不要随意打开;

○ 不在非官方网站输入账号密码。

---

① 申明:《面对网络欺诈,你该怎么办?》,载《农家参谋·新村传媒》,2015年第1期。

第八章　依法用网

网络世界是虚拟的，但不是虚幻的。我们上网时的一言一行，或直接或间接，都会影响到真实的现实生活。那些造成严重后果的网络言行，还将触犯国家法律，甚至构成犯罪。网络不是"法外之地"，我们要依法用网，既会保护自己，又不去侵害他人。

链接：成都摔狗事件

2018年1月，成都人小吴丢失了一条宠物狗，与捡到小狗的小何发生争吵。一气之下，小吴通过"人肉搜索"，获得了对方的名字、电话号码、年龄和工作单位等个人信息，并将该信息在网络上公开。3月27日，小吴因利用网络散布他人隐私，被成都警方行政拘留。

一、个人隐私要保护

1. 为何要保护个人隐私

个人隐私，属于法律上的人格权，是受法律保护的权益。每个人都有属于自己的个人信息，比如姓名、身份证号码、家庭住址、电话号码、银行账户、电子邮箱、QQ账号、消费记录等。这些个人信息与生活息息相关，如果被不怀好意的人获取，可能会用以骚扰、诈骗、盗窃、敲诈等不法行为，如此，则将影响我们正常的生活与学习。

各种形式的骚扰电话、诈骗短信、垃圾邮件、网银被盗，大多与隐私泄露有关。成都摔狗事件中，不少网友通过电话、短信、电子邮件、快递包裹等"攻击"形式，"主持正义"，这些做法，干扰了小何的正常生活，侵犯了小何的隐私权。

2. 哪些信息属于个人隐私

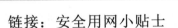

只要是那些不愿意完全公开或仅限于局部公开的个人信息，并且能够明确指向特定个人的信息，都属于隐私权保护的个人隐私。随着社会的发展，会有更多的个人信息成为个人隐私，除了前面已经提及的信息类型，还包括就读学校、治疗记录、电子支付记录、网站注册账户及其他类型的个人信息。

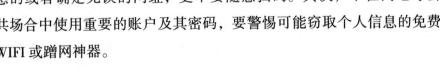

链接：安全用网小贴士

黑客，常常被描绘成身怀高超 IT 技术的"侠客"，但其行为往往会侵犯他人隐私或破坏系统安全，是违法的。青少年不可盲目膜拜并效仿。

安装必要的电脑防护软件，并定期查杀病毒，是保护网络隐私的有效方法之一。

法律对个人权利的保护，是一个多重体系，违反者将受到民事责任、行政责任或刑事责任的追究。

3. 上网时如何保护个人隐私

上网时，我们必须首先注意防范钓鱼网站，建议只点击那些你熟悉的或者确定无误的网址，更不要随意扫码。其次，不在网吧等公共场合中使用重要的账户及其密码，要警惕可能窃取个人信息的免费 WIFI 或蹭网神器。

链接：番茄花园案

2003年，洪某通过技术手段将美国微软公司的 Windows XP 破解、修改为番茄花园版，并在网上免费提供下载。据统计，近20%的中国 XP 用户使用的是该版本。2009年8月，苏州市人民法院以侵犯著作权罪判处洪某有期徒刑三年六个月，并处罚金100万元人民币。

二、盗版软件要慎用

1. 什么是网络盗版

通常我们所说的盗版，是指侵犯版权即著作权的行为。版权作为知识产权的一种，是作品人或其他权利人对计算机程序、文字作品、音乐作品、照片图片、电影电视等的一种合法权利，即可以禁止他人非法复制、使用或传播。番茄花园案中，洪某破解 XP 软件并公开的行为，侵犯了权利人微软公司的版权（著作权），且情节严重，被追究侵犯著作权的刑事责任。

链接：安全用网小贴士

盗版软件经常捆绑流氓软件，甚至带有木马病毒，一定要慎用。

个人的网络日志、编程算法、晒图等"作品"，一旦完成即自动获得版权保护，他人不得任意使用。

广义的网络盗版，包括在网络中或利用网络侵犯版权（著作权）、专利权、商标权和其他知识产权的侵权行为。

2. 网络盗版的特殊性

一般而言，狭义的网络盗版指数字化形式的盗版，不包括传统盗版形式的网络化，比如网上商城的山寨货。

二十多年前，比尔·盖茨就在《未来之路》中提醒我们——传统版权法将无法有效保护网络时代的新型版权。网络的快捷、跨境、匿名等诸多特点，使得图文、音频、视频等知识成果以数字形式在网络中快速传播，盗版不再需要以往的印刷、刻录过程。网络时代，传播媒介与所传知识合二为一，只要鼠标一点，窃取知识的过程即可实现。

3. 网络盗版的常见表现形式

（1）未经版权人同意，破解、修改、上传、传播、下载或使用计算机软件；将仅限一台终端使用合法软件，在多台终端上安装使用。

（2）未经版权人同意，上传、改编、下载或使用小说、图书、图片、音乐、电影、电视剧等。盗图是典型的网络盗版。

链接：生活自拍变成买家秀，4元能买到50张自拍[①]

很多人会经常在朋友圈等社交平台晒自己的生活照，今天去哪里吃大餐了，晚上又去哪里玩了……这些都是我们展示自己的一个表现。

但是大家可能不知道，一些网购平台打包销售个人社交平台照片，普通人发在微博、朋友圈的自拍，也有可能会被千里之外的陌生人盗用到征婚、交友、微商等平台，甚至行骗。

吴女士平时喜欢在朋友圈等社交平台上分享自己的自拍和美食。但前几天她发现，她曾发布在微博上的一张自拍照，竟被一名微商当做买家秀，直接发布在朋友圈内。吴女士称，她立即发微信给商家。"他们没有任何解释，只是把我的相片删了。我问他们是从哪里找来的照片，该微商也没有回复。随后在我的追问下，还直接把我拉黑了。"吴女士称，该微商发过很多年轻女孩的自拍照，并称是使用他们产品

---

① 张静雅：《当心！你发朋友圈里的自拍　可能被不法分子盗用卖钱》，载《北京晨报》，2018年4月10日。

之后的效果照。"我怀疑这些照片的来路有问题。"

图 8-1 网络商家出售"私房生活照"

网上有不少商家出售"私房生活照",而且数量极大。记者联系其中一名卖家,向他询问购买生活照的情况。卖家称,他手里的照片有多种风格,根据要求可以提供不同类型,都是从社交平台下载的所谓"没有版权"的照片。

记者表示要"试一试货",选择了一套美女照片。通过点击链接,记者付款4元后,商家发来了50张不同女子的自拍照。"我提醒你一句,如果是用于曝光量很大的地方,很容易被照片主人发现。一旦被举报,可能会被封号。你自己小心。"商家还"贴心"地给出了售后提醒,说这些照片都没得到授权。但对于照片的具体来源,商家不愿透露。"反正都是她们自己发出来的。"

三、网络谣言要识别

1. 什么是网络谣言

谣言是假话的一种,但它与一般的假话不同。它经常被包装为有确切信息来源、(假)专家解释、带有"社会良知感"的特定话语。一般人容易被其外衣迷惑，并自觉参与谣言的继续传播。

链接：P图野味年夜饭被拘留

据国家林业局官方微博发布的消息称，2017年2月15日（除夕）晚7时，一账号为（一车当先cars）的微博博主发布了一条名为"别人家的年夜饭……"的消息，并配发一组摆放在厨房里待烹制的熊掌、穿山甲、鳄鱼等野生动物的照片，引发了网民的广泛关注和大量转发。

接到网友举报后，当晚9时许，国家林业局迅速通过官方微博予以回应，并

图8-2　P图博主道歉

联系该微博博主，询问图片来源和其他具体线索，告知发布虚假网络信息所应承担的法律责任，同时，通报当地森林公安机关进行查证。2月16日下午，该微博博主发布微博信息称其所发图片的源头是微信朋友圈，图片是从网上下载后"PS而成"，实际并无此事，是为赚取微博转发量而制作并发布年夜饭烹制野生动物的虚假信息。并就此向国家林业局及媒体、网友等道歉。

2. 网络谣言危害大

虽说谣言不攻自破，但是事实并非如此。谣言的危害非常大，轻则让人寝食难安、损失钱财，重则倾家荡产、家破人亡，甚至破坏社会秩序、引起社会动荡。借助网络传播的谣言，即网络谣言，其社会危害更大。

> **链接：安全用网小贴士**
>
> 谣言止于智者，不信谣不传谣；
>
> 群主版主责任大，群组有谣要担责；
>
> 网络言论自由是公民的基本权利，但世上没有绝对的自由。

2011年3月，一则"日本核辐射污染中国食盐"的谣言，通过手机网络迅速在两日内波及国内大多数省份，引发各地的抢购风潮，许多人因此陷入核辐射恐慌，经济秩序也遭到一定的破坏。

四、网络盗窃要防范

1. 网络盗窃

链接：Q币盗窃案

2011年，孟某和何某通过非法入侵腾讯公司上海代理商的充值系统，以在线充值的形式偷取腾讯Q币和其他游戏点卡，合计总价2.5万余元。后上海法院以盗窃罪判处孟某有期徒刑3年，缓刑3年，并处罚金人民币3000元，判处何某有期徒刑1年6个月，缓刑1年6个月，并处罚金2000元。

网络盗窃，是指通过计算机技术，通过非法侵入或窃取他人账户、密码等方法，将他人财物据为己有的行为。这里的财物，可分为两类：传统财产（网银账户、电子钱包等）和虚拟财产（游戏币、装备道具等）。

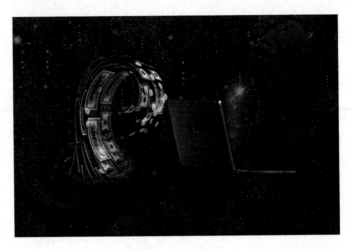

图 8-3　网络盗窃

2. 虚拟财产

不是所有的网络虚拟物（电子邮箱、个人账号、游戏角色、游戏等级、装备道具等）都属于法律保护的虚拟财产。首先，法律往往滞后于社会，尤其是技术的发展；其次，法律选择性的重点保护部分网络虚拟物，且对电子邮箱等虚拟物以非产权权益

链接：依法用网小贴士

不点击或打开来路不明的链接、弹窗等，记住：天上不会掉馅饼；

对于虚拟财产的法律保护，是一个渐进发展的过程，法律规定在不断变化，各地的实际做法不同；

碰到各种网络侵权，可在父母或其他成年亲友的帮助下，依法进行投诉、举报、报案或诉讼，以维护合法权益。

保护。

目前受法律保护的虚拟财产，主要是一些可以折算经济价值的游戏币、游戏点卡、游戏道具等。所以，偷别人的"神器"也是一种违法，甚至犯罪行为哦。那些虽有一定价值或对所有人有着重要意义的QQ号、游戏角色等，由于不能确定其财产价值，如果发生被盗，实践中通常是以非法入侵计算机系统或侵犯通信自由处理的。

附录

1. 网络版权的主要法律规定

《著作权法》

第三条　本法所称的作品，包括以下列形式创作的文学、艺术和自然科学、社会科学、工程技术等作品：文字作品；口述作品；音乐、戏剧、曲艺、舞蹈、杂技艺术作品；美术、建筑作品；摄影作品；电影作品和以类似摄制电影的方法创作的作品；工程设计图、产品设计图、地图、示意图等图形作品和模型作品；计算机软件；法律、行政法规规定的其他作品。

《信息网络传播权保护条例》

第二条　权利人享有的信息网络传播权受著作权法和本条例保护。除法律、行政法规另有规定的外，任何组织或者个人将他人的作品、表演、录音录像制品通过信息网络向公众提供，应当取得权利人许可，并支付报酬。

第五条　未经权利人许可，任何组织或者个人不得进行下列行为：

一、故意删除或者改变通过信息网络向公众提供的作品、表演、录音录像制品的权利管理电子信息，但由于技术上的原因无法避免删除或者改变的除外；

二、通过信息网络向公众提供明知或者应知未经权利人许可被删除或者改变权利管理电子信息的作品、表演、录音录像制品。

第六条　通过信息网络提供他人作品，属于下列情形的，可以不经著作权人许可，不向其支付报酬：

一、为介绍、评论某一作品或者说明某一问题，在向公众提供的作品中适当引用已经发表的作品；

二、为报道时事新闻，在向公众提供的作品中不可避免地再现或者引用已经发表的作品；

三、为学校课堂教学或者科学研究，向少数教学、科研人员提供少量已经发表的作品；

四、国家机关为执行公务，在合理范围内向公众提供已经发表的作品；

五、将中国公民、法人或者其他组织已经发表的、以汉语言文字创作的作品翻译成的少数民族语言文字作品，向中国境内少数民族提供；

六、不以营利为目的，以盲人能够感知的独特方式向盲人提供已经发表的文字作品；

（七）向公众提供在信息网络上已经发表的关于政治、经济问题的时事性文章；

（八）向公众提供在公众集会上发表的讲话。

《刑法》

第二百一十七条　　以营利为目的，有下列侵犯著作权情形之一，违法所得数额较大或者有其他严重情节的，处三年以下有期徒刑或者拘役，并处或者单处罚金；违法所得数额巨大或者有其他特别严重情节的，处三年以上七年以下有期徒刑，并处罚金：

一、未经著作权人许可，复制发行其文字作品、音乐、电影、电视、录像作品、计算机软件及其他作品的；

二、……

2. 网络谣言的主要法律规定

《刑法》第二百九十一条　　编造虚假险情、疫情、灾情、警情，在信息网络或其他媒体上传播，或明知是上述虚假信息，故意在信息网络或其他媒体上传播，严重扰乱社会秩序的，处三年以下有期徒刑、拘役或者管制；造成严重后果的，处三年以上七年以下有期徒刑。

《中华人民共和国治安管理处罚法》第二十五条　　有下列行为之一的，处5日以上10日以下拘留，可以并处500元以下罚款；情节较轻的，处5日以下拘留或者500元以下罚款：一、散布谣言，谎报险情、疫情、警情或者以其他方法故意扰乱公共秩序的；……

《最高人民法院、最高人民检察院关于办理利用信息网络实施诽谤等刑事案件适用法律若干问题的解释》第二条　　利用信息网络诽谤他人，具有下列情形之一的，应当认定为刑法第二百四十六条第一款规定的"情节严重"（编者注，此即构成诽谤罪，依法应处三年以下有期徒刑、拘役、管制或者剥夺政治权利）：

一、利用信息网络诽谤他人，同一诽谤信息实际被点击、浏览次数达到5000次以上，或者被转发次数达到500次以上的；

二、造成被害人或者其近亲属精神失常、自残、自杀等严重后果的；

三、二年内曾因诽谤受过行政处罚，又诽谤他人的；

四、其他情节严重的情形。

3. 网络盗窃的主要法律规定

无论是传统财产或虚拟财产，都受诸多法律的保护。虚拟财产盗窃案的特殊性在于盗窃金额的评估。

《中华人民共和国民法总则》

第一百一十三条　民事主体的财产权利受法律平等保护。

第一百二十七条规定：法律对数据、网络虚拟财产的保护有规定的，依照其规定。

《刑法》

第二百六十四条　盗窃公私财物，数额较大或者多次盗窃的，处三年以下有期徒刑、拘役或者管制，并处或者单处罚金；数额巨大或者有其他严重情节的，处三年以上十年以下有期徒刑，并处罚金；数额特别巨大或者有其他特别严重情节的，处十年以上有期徒刑或者无期徒刑，并处罚金或者没收财产；有下列情形之一的，处无期徒刑或者死刑，并处没收财产：

一、盗窃金融机构，数额特别巨大的；

二、盗窃珍贵文物，情节严重的。

《最高人民法院最高人民检察院关于办理盗窃刑事案件适用法律若干问题的解释》

第一条　盗窃公私财物价值一千元至三千元以上、三万元至十万元以上、三十万元至五十万元以上的，应当分别认定为刑法第二百六十四条规定的"数额较大""数额巨大""数额特别巨大"。

《治安管理处罚法》

第四十九条　盗窃、诈骗、哄抢、抢夺、敲诈勒索或者故意损毁公私财物的，处5日以上10日以下拘留，可以并处500元以下罚款；情节较重的，处10日以上15日以下拘留，可以并处1000元以下罚款。

提示：偷盗金额的大小，决定了行为人行为的性质，或违法，或犯罪。

参考文献

陈晨:《亲子关系对青少年网络素养的影响》,载《当代青年研究》,2013年第3期。

方滨兴:《在线社交网络分析》,电子工业出版社2014年版。

傅湘玲、齐佳音:《面向在线社交网络的企业管理决策研究》,清华大学出版社2018年版。

[美]金伯利·杨:《网络心魔:网络沉迷的症状与康复策略》,毛英明,毛巧明译,译文出版社2005年版。

李开复、王咏刚:《人工智能》,文化发展出版社2017年版。

李文革:《中国未成年人新媒体运用报告》,社会科学文献出版社2012年版。

李宝敏:《儿童网络素养现状调查分析与教育建议——以上海市六所学校的抽样调查为例》,载《全球教育展望》,2013年第6期

孙时进、邓士昌:《青少年的网络欺凌:成因、危害及防治对策》,载《现代传播－中国传媒大学学报》,2016年第2期。

上海市教育委员会:《预防中小学生网络欺凌指南30条》,上海市教育委员会2017年版。

申明:《面对网络欺诈,你该怎么办?》,载《农家参谋·新村传媒》,2015年第1期。

卓刚、焦国林:《网络诈骗的分类剖析及打击防范机制探索》,见中国计算机安全专业委员会组编:《第30次全国计算机安全学术交流会论文集》,中国科学技术大学出版社2015年版。

张焱:《网络时代也别放弃慢阅读》,载《光明日报》,2018年4月24日。

张静雅:《当心!你发朋友圈里的自拍 可能被不法分子盗用卖钱》,载《北京晨报》,2018年4月10日。

版权声明

本书部分文字、图片源自互联网等公开渠道，其最终版权归属于原作者，本书已以合理方式注明其具体来源，在此一并表示感谢。

如果本书确有文字或图片侵犯了您的版权，请您及时与我们联系：

上海市长宁区古北路620号对外经贸大学

人工智能与变革管理研究院 (200050)

<table>
<tr><td colspan="3" align="center">《生活中的互联网》使用图片来源说明</td></tr>
<tr><td align="center">来源</td><td align="center">公共领域图片及已购买版权图片</td><td align="center">网络无版权图片</td></tr>
<tr><td align="center">图次</td><td align="center">1–2,2–1,2–2,3,2–4,
2–5,2–6,2–7,2–8,
2–10,2–15,2–19,2–31,
3–7,5–17,7–1,7–2,7–3,
7–7,7–9,7–10,7–11,
7–12,7–14,8–3</td><td align="center">2–9,2–11,2–12,2–13,
2–14,2–15,2–16,2–17,
2–18,2–20,2–21,2–22,
2–23,2–24,2–25,2–26,
2–27,2–28,2–29,2–30,
2–31,3–9,4–1,4–2,4–3,
5–6,5–7,5–10,5–11,
5–15,6–1,6–2,6–3,6–4,
6–5,6–6,6–7,8–2</td></tr>
</table>

本书编著组

2018年7月9日

我们心甘情愿，只为你们喜欢！

——兼"大学与城市专题－基础教育篇"丛书致谢

人工智能与变革管理系列——基础教育服务篇,《生活中的互联网》终于脱稿了！

这是一本大学老师送给中学生的礼物！本书的创作团队成员,多数都有一个在中学或者小学的孩子。我们在关爱自己的孩子时,总在想我们可以为他们做些什么？我们可以为像他们一样的孩子做些什么？为此,我们的团队没有局限在小家的小情怀中,我们既深入到城市的中小学,我们也到了革命老区的中小学,我们与正常家庭的孩子交谈,我们也为困境家庭的孩子伸出援助的手。我们每到一个地方,我们就被孩子们感动,他们是那么真诚,他们是那么渴望,我们不能无动于衷,我们必须做些什么。每当我们工作处于停滞不前的时候,脑海中总是浮现出孩子们的脸庞和眼神。我们要感谢这些孩子们,是他们真诚的渴望给了我们巨大的动力,看似我们在为他们做什么,却是他们在让我们明白我们应该做什么。

这是几十位创作者历时两年协作完成的作品！组织一个需要

众人协作完成的工作，通常都是令人望而止步的！没有一个精诚合作的团队，是不敢有人冒险来牵头的，况且这个过程中，是没有报酬的，仅仅靠的情怀！从目前对于大学老师的科研考核评价来说，这本书完全是没有作用的，任何一个人都不可能借着这个工作在单位的科研考核中加到一分！真的，仅仅靠的是情怀！为此，我要深深地为参与这个庞杂工作的每一位成员鞠上一躬，说一声：谢谢您！我要深深感谢方滨兴院士，毫无保留地给了这套丛书充分的指导，让我们少走了许多弯路！我要感谢河海大学邓建高副教授这半年来与我一起深入到城市与农村，我们脚下走过的路，我们夜晚探讨时的灯光，多少个周末的工作，随叫随到、说走就走的一致，令我感动！河海大学的沈蓓绯副教授、刘晓农副教授、史宏平博士等敬业的工作让我心存敬，感谢他们对中学生网络素养调查和书稿提纲确定给予的支持和建议：记得北邮科技大厦热烈讨论之后的连夜奋战，记得山东德州风尘仆仆的现场调研，记得常州南河社区网格化社区管理的走访，记得"安全e起来，争做好网民"爱心活动中倾心的奉献......。我要感谢上海对外经贸大学的两个小伙伴，吴联仁博士和邓士昌博士，他们就像我的博士研究生一般，让我对他们的指导丝毫不需要有同事之间的客气！我要将特别的感谢给我北京邮电大学伙伴们，软件学院的傅湘玲副教授、计算机学院的李蕾副教授以及吴斌教授，谢谢你们这么多年一直给予我最大的支持！我要真诚地感谢参与这套丛书的研究生们，我尤其要感谢张钰歆同学，她以无比的韧性、无比的细心、新颖的创意在这套书的合稿阶段做出了极大的贡献！

这是有幸入选《光明社科文库》出版计划的科普图书！在五

月底，各部分稿件陆续完成初稿的时候，我还没有联系到底由哪一家出版社来出版。六月中旬的时候，我们基本上完成了初稿的修订。有一天，我收到了光明日报出版社的一封邮件，关于组织出版《光明社科文库》的征稿商洽函。我一看，我们的选题应该是在资助范围内的。为了确保信息真实可靠，我通过北京的朋友直接咨询了光明日报出版社，核实这确实是该出版社的合法正式活动。随后，我们就填写了申报表，寄给了北京。幸运的是，几周之后，我们收到了丛书入选《光明社科文库》出版计划的通知，并给出了最终提交书稿的时间。这对于处于后期焦灼状态的书稿制作来讲，无疑是打了一针兴奋剂，我们迅速地从焦灼状态中行动起来，终于赶着时间点撞到了终点线。为此，我要衷心地感谢《光明社科文库》在大家都很疲惫的情况下，送来的"光明"，带来的希望，增添的动力。

这是多年来的科研积累开出的第一朵给公众欣赏的花！这朵花开在了国家重点研发项目（2017YFB0803304）、国家社会科学基金重大项目（16ZDA055）、 国家自然科学基金重大研究计划项目（91546121）、国家自然科学基金"新冠肺炎疫情等公共卫生事件的应对、治理及影响"专项项目（72042004）的枝头。根扎得越深，叶才能越茂，花才能更美。感谢这些国家科研项目的资助，让我们在自己的专业领域深耕细作，才有可能在今天捧出这么一朵还很羞怯的花朵！

但，这朵花不孤芳自赏，她希望招孩子们待见！为了找到更加鲜活和通俗易懂的素材，创作团队通过互联网获得了很多很好的资料。我们尽量做到在原有素材基础上的再加工、再创作，对于引用的素材做到明确标注来源，不过由于网络内容通常很难确定最初的来源，我们的标注或许会冒犯到最初的内容贡献者；另外，由于参与编写的人员较多，尽管我一再要求大家要做到，凡引用，必标注，但仍不免疏漏。如果出现上述情况，我们希望被冒犯的朋友第一时间通过出版社联系我们，我们将积极配合解决问题。对此，我要对所有被标注出的贡献者以及误标、漏标的贡献者表示深切的感谢！更好特别地感谢共青团中央网络影视中心在图书编写过程中对于图片使用的授权支持！您的支持、您的宽宏大量，连同我们的努力，都是为了孩子们的欢心与成长！

感谢常州外国语学校的曹慧校长、黄芸副校长、黄金松副校长、沈亚东副校长和赵静老师，感谢他们对中学生网络素养调查和书稿提纲确定给予的支持和建议。

惟愿孩子们喜欢，
惟愿孩子们进步，
这是出发的初衷，
这是向往的目标。

齐佳音

2018年7月10日，于上海